U0044124

未來世界的倖存者

阮一峰 ■ 著

終極技術大革命的前夜
每一個人都該思索與知道的事

技術最終會把人類帶到哪裡呢？
我想我們已經完全不知道了。

目錄

〔目錄〕

{ 站在未來的
十字路口 }

繁體中文版序言

　　《未來世界的倖存者》在中國大陸出版以後，臺灣大寫出版社總編輯鄭俊平找到我，希望引進此書。

　　鄭先生提出，能不能寫一篇導讀，讓臺灣讀者瞭解我的背景和想法。我覺得這個提議很好，因為我的很多想法，都起源於臺灣的一段經歷。

1

2012年，我在上海的一所學校當老師。學校在臺灣有一個合作項目，我一個人被派到臺灣，住了半年。

出發之前，需要在臺北租房。我看了一些租房廣告，發現房源分成「雅房」和「套房」兩種，前者比後者便宜不少。套房我能理解，但是「雅房」是什麼呢，雅致的房間？我沒有深究，學校給我的經費只住得起雅房，沒有其他選擇。住進去了才知道，雅房就是套房的一間，租客跟房東生活在一起，客廳、廚房和浴廁都是共用的。

我住在臺北市內湖區。內湖區多為山地，又在基隆河旁邊，以前是臺北郊外的一個洩洪區，後來許多科技公司在這裡設廠，逐漸變成臺北的新興區。有一段時間，我每天都要去臺北市中心，一早乘坐捷運，從內湖的文湖線轉乘板南線，晚上再轉乘回來。上下班高峰時間，捷運非常擁擠，尤其是市

中心轉乘的忠孝復興站。我站在電扶梯上，跟著人流向前移動時，總有一種感覺：我的生活並沒有任何改變，只是換了一個城市通勤。

專案項目告一段落以後，我就比較自由了，可以四處逛逛。甚至那些臺北當地人很少去的地方，我去了不少。閒暇之餘，不免胡思亂想：如果我搬到臺北，人生會是怎樣？如果我可以選擇一個城市生活，我會選擇哪裡？

很快住滿了半年，離開臺灣之前，我做了一次環島旅行。臺灣島處在兩個地理板塊的交界，板塊的擠壓產生了高聳的中央山脈，3000米以上的山峰有200多座。我乘坐高山巴士，穿越中央山脈。巴士在山裡開開停停，走了一天，傍晚來到海拔大約2000米的武陵農場，那裡有一個露營區，收費比較便宜，我就在那裡睡了一晚。

露營區在一個臺地上面，距離農場總部有5公里，遊人很少。太陽下山，我獨自一人山野漫步。四周都是3000多米的高峰，需要

抬頭仰望，每一個方向都長滿了高大的針葉林木，晚風席捲，只聽見林濤在曠野迴響。腳下是無數野生的繡球花，大朵大朵擠在一起怒放，農場早年鋪設的道路都已長滿齊腰的灌木，難以辨識路徑。路的前方在暮色中愈來愈模糊，消失在林中。

有人說，旅行可以讓你成為不一樣的人，我想指的就是這樣的時刻。我意識到，我在城市的那些工作、我扮演的那些社會角色都不是我。真正的我此刻站在高山中，面對原始的自然，內心突然什麼欲望也沒有了，惘然不知自己到底想要什麼。

第二天離開農場，繼續向東，高度不斷下降，進入了太魯閣大峽。我在一個叫做天祥的地方下了車，那裡是峽谷中的一塊平地，一個多世紀前居住著原住民。所謂原住民就是來自南太平洋島嶼的民族，他們早於漢族來到臺灣，後來漢族移民佔據了平地，他們只好退到山裡。部落遺址早就蕩然無存，天祥如今是一個旅遊中繼站。

　　汽車站的後方有一個小教堂，提供住宿。教堂是一位法國神父早年建的，現在神父不在了，但是擺設都是原來的樣子，書架上的法文書還留著鉛筆的標注。夜晚，我在教堂的院子裡乘涼，工友開著收音機聽著地震的新聞（最近一直有輕微地震）。幽藍的天幕下，我想到這個一模一樣的院子，原住民和法國神父都來過，看到同樣的天空，頓時有一種不知今夕何夕的感覺。

　　旅行的最後一段，我步行走出了峽谷，來到海邊的公路，然後搭車去了碼頭，等待開往綠島的渡輪。綠島是臺灣的一個離島，孤懸在太平洋上，面積不大，摩托車半小時就可以環島一圈。島上只有一條商業街和一座廢棄的監獄，其他地方你都只能望著太平洋出神。

　　再過兩天，我就要回上海了，生活恢復到以前的樣子，臺灣之行彷彿只是暑假的一次出行。我看著浩淼的太平洋，第一次感到，儘管生活為每個人提供了一個預設模

式，但是世界如此豐富多彩，有那麼多種選擇，只要你下定決心，人生一定有另一條路可走。

2

回到學校的第二年，我有一個機會去杭州的阿里巴巴集團工作。思考了幾天，我找到了院長，辭掉教職，去杭州開始做軟體工程師。

剛到阿里巴巴的那幾周，每一天都是大開眼界。

阿里巴巴的創辦人馬雲以前是杭州師範大學的英語老師，後來辭職開了一家翻譯社。上個世紀90年代，他在美國西雅圖見到了互聯網，就決定要做網絡商務，但是他本人並不懂編程（程式設計）。他對最早的17位創業期員工說，有一天我們會成為世界最大的電子商務公司之一，可是那時連辦公場所

都沒有，所有人擠在馬雲買的一套居民公寓裡面。

　　我想，那17個員工肯定不敢相信馬雲的這句話。但是，20年以後，這件事情居然變成了現實。「淘寶網」成了世界最大的電子商務網站，阿里巴巴是世界市值前十大的上市公司。2017年，阿里巴巴的規模在世界經濟體之中排名第21位，馬雲說再過20年，到了2036年，阿里巴巴將會成為繼美國、中國、歐洲和日本之後的第五大經濟體。

　　我參觀了公司的各個園區，熟悉各種制度，與不同的團隊交流，試圖理解阿里巴巴成功的原因。為什麼一家從零開始的公司，可以在這麼短的時間內，取得這麼驚人的成就？

　　我的結論是，我們這個時代與以前的時代都不一樣，時代給了阿里巴巴這樣的機會。如果不是阿里巴巴，也會有其他公司成就同樣偉大的事業。

　　這個時代有兩個根本特徵，是以前的時

代不具備的，一個是**資本大量過剩**，資本家願意對創業公司進行高風險投資，而成功的創業公司會得到極高的估值，進而吸引更多的資本投入；**另一個是技術加速發展**，尤其是通訊技術和電子技術，將全世界連在了一起，組成一個空前規模的統一市場。

一旦資本與技術結合，就會產生難以置信的威力，這就是阿里巴巴成功的根本原因。再加上中國大陸的龐大內需市場，以及低成本但又非常勤奮的勞動力，共同造就了今天的成就。

阿里巴巴將一個大的目標拆分成無數小目標，然後動員和組織上萬名軟體工程師一個個完成那些小目標，再加上設計、產品、銷售等等團隊的配合，以及高效的內部行政系統，源源不斷的資金投入，最終實現了那個大目標。

③

　　到了2016年，我已經在阿里巴巴待了兩年，許多次親身體驗了需求變成代碼、代碼變成產品的過程，見識了技術對生活的巨大改變，尤其是大數據分析帶來的震撼性效果。我絲毫不懷疑，技術就是推動社會進步的最大力量。技術可以讓阿里巴巴從零開始變成中國最大的公司，也可以決定歷史的進程。

　　2016年發生的兩件事，讓我的想法有了更徹底的變化。

　　第一件事是，年初我讀了一本暢銷書《人類大歷史》（Sapiens: A Brief History of Humankind），可能很多人都看過。這本書的觀點，很讓人震驚。人類在生物學上屬「智人」（有智慧的猿人），這本書宣稱，智人的歷史也許就要結束了。未來的人類可能跟現在的人類不是同一個品種，是一種半自然半人工的生物，體內會有各種晶片和機械裝置。從化學角度看，就是半碳半矽，一半是碳基化合物

（有機物），另一半是矽基化合物（半導體）。

另一件事是那年5月，Google的圍棋軟體「AlphaGo」輕鬆戰勝了世界冠軍棋手李世石。這標誌了人工智慧取得了突破，人類在智力上已經輸給機器了。

這兩件事對我衝擊很大。我自己就在 IT 行業工作，完全知道技術進展有多快，目睹過令人瞠目結舌的技術產品。上個世紀，美國科學家就曾提出「技術奇點」的概念，一旦人類發明了「超級智能機器」，歷史就會轉折。超級智能將是人類的最後一項發明，此後智能機器自己就能發明新東西。

超級智能機器可以定義為一種遠遠超過任何人的所有智力活動的機器。如果說設計機器是這些智力活動的一種，那麼超級智能機器肯定能夠設計出更加優良的機器。

毫無疑問，隨後必將出現一場智能爆炸，人類的智能會被遠遠拋在後面。因此，第一台超級智能機器是人類需要完成的最後一項發

明，前提是這台機器足夠聽話，會告訴我們如何控制它。超級智能機器將很有可能被製造出來，而它會是人類需要進行的最後一項發明。

我覺得，「技術奇點」可能就要到來了，人類歷史馬上就要大變了。

一旦技術可以模擬人類的智能，大多數人將毫無用處。現有的大部分人類的工作，都屬低智能、重複性的機械勞動，比如司機和會計。如果人工智慧能夠實現無人駕駛，那麼有理由相信，它也可以完成自動做賬和其他辦公室工作，於是司機和會計這樣的崗位都會消失。

低智能工作消失以後，必然會出現大量的失業。能不能對失業者進行培訓，讓他們從事那些高智能工作呢？我認為辦不到。理由有兩個，一是高智能工作職位很多都需要高等數學和工程師技能，這要求艱苦的學習，絕不是短期培訓、或者晚上睡覺前看看書那種強度的學習能夠解決的；二是大多數人

根本讀不進高等數學和理工教材，讓他安安靜靜看半小時書籍，都會覺得毫無樂趣，更不要說長期堅持學習了。我預感，至少80%的人達不到未來社會要求的就業技能，或者說他們沒法贏過機器。

失業人口愈來愈多以後，僅剩的一些低級工作職位將有大量失業者爭搶，導致工資無法上漲，勞動階層因此無法成為中產階級。由於智能機器的衝擊，現有的中產階級也會逐漸凋零，直至被整體消滅。大多數人找不到工作，無所事事，必須靠政府養活，每天通過打電子遊戲消磨時間。

一想到這樣的前景，我就有些不寒而慄，但又推斷不出哪裡有問題，覺得人類只能眼睜睜看著這一切發生。**技術每一天都在高速發展，毫不停歇，我們還來不及權衡得失，一切就已經變成了現實**，技術把人類送進了一個高度自動化、又高度不確定的未來。技術完全按照自己的內生邏輯發展，世界上已經沒有任何力量可以阻擋技術進步。

4

技術改造外部社會的同時，也在改造人類自身。最明顯的一點就是，現在的人比以前活得長多了。

工業革命之前，人類的平均壽命不超過40歲，一半人在成年之前夭折。根據維基百科，1820年西歐平均壽命是36歲，日本是34歲。即使到了1950年發展中國家平均壽命也只有40歲。1970年代中期，非洲平均壽命47歲，亞洲為57歲，拉丁美洲達為62歲。

如今，發達國家的人均壽命普遍超過了70歲。有一句古話說「人生七十古來稀」，意思是活到70歲是一件稀奇的事情，可是現在誰要是活不到70歲，大家都會說這個人真是死得太早了。作為世界上最長壽的國家，日本的百歲老人2017年超過6.7萬人，有學者估計，2050年會超過100萬。

問題就來了，人類愈活愈長，活著就需要錢，錢從哪裡來？如果65歲退休，100歲死

亡，就需要資金支撐35年的生活。除了自己的積蓄，不太可能依靠養老金，因為政府養老金制度是按照大部分人70多歲死亡這個假設設計的。世界上沒有一個國家的養老金，能夠讓每個公民領二三十年而不破產的，政府的養老金註定是不夠的。

我覺得，與其寄希望於政府會籌措資金，幫助所有人養老，不如未雨綢繆，想想看如果必須自己養老，該怎麼辦。這絕對是一件很難的事，正如前面所說，未來失業率將會上升，大部分人終其一生都是低收入階層，僅僅依靠自己的工資，不可能會有足夠積蓄活到100歲。

於是，未來的高科技社會，將會出現許多高齡的窮人。他們人還沒死，錢已經花光了。無論對於本人，還是對於整個社會，這種局面都將非常難於處理，到哪裡找足夠的護理人員，去照顧這些沒有錢、也走不動路的高齡老人？老天保佑，但願護理機器人能夠發明出來。

5

　我對於未來的基本判斷就是，大部分人沒用了，而人類的壽命卻愈來愈長，由此會產生許許多多巨大的問題。

　雖然我是技術愛好者，看到各種神奇的發明就無比興奮。但是，面對推測中的未來，不禁心情黯淡，不知出路何在。技術淘汰了大多數的人，甚至可能會淘汰整個人類。

　另一個風險是，高度自動化的社會本身就很危險。人類愈來愈依賴技術，但是沒有一種技術能夠保證百分之百可靠。一旦某個環節出現問題，整個自動化系統就會發生動盪，甚至崩潰。人類社會最終會演變成，無數自動化系統組合而成的一個超級系統，一旦發生問題，後果將難以預料。這就好比，植物園的暖房愈蓋愈高級，人為地營造出一個人工的氣候環境，但是暖房愈是與周邊環境隔離，就注定愈脆弱，抗風險能力愈弱，維護成本極高。

　　那時，北京的《財新週刊》有一個我的專欄。那本雜誌主要面對非技術讀者，編輯要求我談談技術對社會的影響，儘量寫得通俗易懂，每月一篇，不要超過2000字。我就把自己的想法寫在這個專欄，一共寫了20多篇。寫到一半的時候，就有了結集出書的想法。

　　這本書裡面，我詳細地講述了自己的擔憂，解釋為什麼會有這樣的想法。我希望更多人聽到我的聲音：技術的快速發展是一件值得警惕的事情，人類現在的發展模式根本不可持續。

　　但是，我不知道怎麼應對，如何才能解決那些很快就會大規模出現的社會問題。這本書更多地只是提出問題，並沒有給出答案。但我認定一點，只有更多的人意識到必須改變，才有可能真的改變，這就好比阻止氣候變暖的前提，就是讓人們意識到我們在破壞氣候。我必須把想法大聲說出來，這是支撐我出版這本書的最大動力。

　　時間如同潮水，將你推到未來的十字路口，前方一片模糊，不知每個路口通向怎樣的命運。隨波逐流，一路沖到下游，看上去是唯一的可能。但是，潮水鋪天蓋地到來之前，還有一點點的喘息時間，我偷空在這個路口停下來張望，試圖理解這一切。●

1 現實篇

技術正在不斷替代勞動力，
那些被替代的人們根本沒有辦法得到補償。

世界會走向哪裡？

機器人

　　圍棋可能是世界上最複雜的遊戲，在一個19條橫線乘19條豎線的棋盤上面，有著無窮多種的變化。

　　根據計算，圍棋可能的下法共有2.08×10170種。一個 3G 赫茲的CPU（中央處理器）內核，每秒可以運算3×109次，這意味著即使1萬個 CPU 同時運算，也需要2.3×1086 年才能走完所有下法。因此，計算機無法使用「窮舉法」處理圍棋。

　　人們曾經以為，圍棋軟體不可能戰勝人類，至少最近幾十年不可能。1997 年，IBM 公司的國際西洋棋軟體「深藍」（Deep Blue），就已經戰勝了當時俄羅斯的世界冠軍卡斯帕羅夫（Garry Kimovich Kasparov）。但是，此後的十多年，圍棋軟體一直沒有進展，似乎驗證了上面的說法。

　　直到 2016 年 3 月，Google 公司的圍棋軟體 AlphaGo 橫

《AlphaGo 世紀對決》的紀錄片海報。
（達志影像）

空出世，以4比1的大比分，輕鬆戰勝了世界冠軍李世石九段。

2017年1月，AlphaGo 的升級版 "Master"，更是取得了對戰人類棋手的60連勝。2017年5月，在3比0戰勝世界冠軍柯潔九段以後，Google 公司宣布 AlphaGo 從此不再與人類比賽了，以後只通過自己與自己對戰來提高棋藝。

這一系列的事件，標誌著人工智慧取得了突破性進展，人類再沒有可能，在任何思維遊戲上面戰勝計算機了。

人們對這個事件議論紛紛。所有討論文章當中，有一篇的題目取得最好：〈機器人贏了圍棋，取代你的職業還會遠嗎〉。圍棋這樣複雜的思維遊戲，機器人都能超過人類，那麼世界上還有多少工作，是機器人不能幹的呢？如果工作都由機器人承擔了，人不就失業了嗎？

騎馬

AlphaGo 團隊只有20個人，Google 其實並沒有投入太多資源。它真正大力投入的人工智慧項目，是無人駕駛汽車。

　　根據一些報導，這個專案項目已基本完成，目前正處在路試階段。每天，無人駕駛汽車就在加州的公路上開來開去，測試可靠性。還有消息說，這項技術已相當可靠，推向市場化的時間非常近了。

　　我本來不相信，機器可以開車卻不發生事故。但見識了 AlphaGo 的強大實力以後，我對無人駕駛汽車有信心了。真的很可能，機器駕駛汽車比人類駕駛得好。如果這項技術成功，十年以後，就沒人去學開車了，駕駛訓練班也會關門。終有一天，因為人類不如機器可靠，法律規定，人類不得駕駛汽車，只能由機器駕駛。如果你還想開車過過癮，必須去專門的遊樂場，就好像現在騎馬只能去馬場一樣。

百貨之死

　　這種前景看上去很美好，但是有一個問題：如果將來都是機器駕駛，那麼現在的這些司機怎麼辦呢？進一步說，如果將來都是機器人為人類服務，那麼現在的售貨員、服務生、打字員、裝配工、出納、保全……（你可以列出一大串職業），他們要何以謀生呢？

　　舉例來說，很多百貨商店現在經營困難，不得不關門，原因是愈來愈多的消費者習慣網上購物，不再在實體商店消費。那些商店的售貨員就被電腦後面的網店客服替代了，而網店客服以後也很可能被軟體替代，因為客戶的問題其實就是那麼幾類，軟體完全可以處理。

　　當然，新技術會創造出新的工作職位。但是這次似乎與上一次工業革命創造出大量工廠職位不一樣，訊息技術革命創造出的職位，遠遠小於它消滅掉的職位。尤其是人工智慧和大數據，它們的技術目標就是不需要人的參與！

727%

　　我們一直相信，技術會讓生活更美好，但是這一次，技術似乎正在動搖人類社會的結構，將整個社會一分為二：有技術的人與沒技術的人。他們之間的貧富差距正在愈拉愈大，人類束手無策。

　　如果你有技術，那麼處境就會非常有利，技術將你的優勢成倍放大，為你帶來大量收入。那些掌握了技術的資本家，尤其如此，他們是這個世界真正的控制者。如果你沒有技術，那就很不幸了，你的工作會保不住，你被機器

取代，然後就長期失業，或者找到一份非常辛苦的、只能糊口的體力活（吃飯可以，享受不行）。

《華盛頓郵報》做過一個統計，1978年到2011年，美國工人的平均工資只增長了6%，CEO（企業執行長）的平均收入增長了727%。這就是說，計算機革命出現後，窮人的收入根本不增長，而富人正變得愈來愈有錢。

這種趨勢將來只會增強，不會逆轉。因為它是技術造成的，而技術變革的速度一點都沒有放緩。技術正在不斷替代勞動力，那些被替代的人們根本沒有辦法得到補償。

人工成本

更可怕的是，社會流動性正在減弱。以前，窮人通過不懈的努力，完全有可能晉升到更高的社會階層，改變自己的命運。但是，現在不行了。因為以前跟你一起競爭的，是其他的人，只要你比他們努力，就能出頭；現在跟你競爭的，是軟體和機器人，無論你怎麼努力，都不會超過它們。

愈來愈多的勞動者發現，他們能得到的職位，不是因為雇主需要他們的勞動技能，而是因為人工比機器便宜。

比如，造出一個會送貨、會燒菜的機器人，技術可以做到，但會很貴，使用真人更便宜。所以，快遞員和廚師這樣的工作，將會持續地吸納大量勞動力。但是，他們的工資很難增長，一旦成本大幅上升，機器人就會取代勞動者。

由於通過奮鬥爬到社會上層的可能性愈來愈小，所以教育的價值也正在變小。如果不能學會機器無法替代的技能，那麼讀不讀大學，對你將來的收入不會有太大影響。很可能不讀大學，你的處境還會好一些。

幸運與努力

一個收入差距愈來愈大、流動性僵化的社會，意味著什麼？我很難想像。

在經濟上，持續繁榮需要購買力支持，必須讓大多數人具有購買力；在政治上，不讓底層人民看到翻身的機會，就是政治自殺。2016 年的美國大選，傳統風格的候選人都得不到支持，反倒是極端的、大肆批評現行秩序的川普大受歡迎，可能就是這個原因，是技術變革帶來的經濟政治動盪的體現。

雖說人類歷史一直是階級制社會，但是工業革命以後，多多少少變成了一個「彩券社會」。如果你碰巧是那個幸運兒，抽到了命運的彩券，就有機會出人頭地、翻轉人生。這種希望雖然渺茫，但是讓底層人民有了期待，願意遵守秩序。這種希望一旦消失了，<u>向上爬的梯子斷掉了</u>，抽中彩券的機會等於零，社會秩序也就瓦解了吧。

階級的展示

說來好笑，技術雖然帶來了收入不平等，但也帶來了前所未有的平等，主要是在享受技術成果方面。比如，普通人完全可以使用跟美國總統或世界首富一樣的手機。<u>現在人與人之間的不平等，幾乎都體現在非技術方面</u>，比如收入、地位、住宅等。

風險投資家葛拉罕（Paul Graham）說，19世紀時，你只要有一輛馬車，就是富人，根本沒人在乎馬車的牌子。現在不同了，人們不得不強調汽車的品牌，區分誰更有錢。這就是技術進步帶來的影響，技術使得人人都可以擁有自己的代步工具，於是技術以外的因素（品牌）成了展示人類不平等的主要載體。

美女的觸感

1995 年，微軟公司創始人比爾‧蓋茨寫了一本書《擁抱未來》，講述他想像當中的未來世界，當時中國大陸書市也同步引進。一位大陸著名作家王小波讀到這本書，印象深刻，寫了一篇讀後感，刊登在1996年的《中華讀書報》上：

比爾‧蓋茨在《擁抱未來》一書裡寫道：隨著現代訊息技術的發展，工程師已有能力營造真實的感覺。他們可以給人戴上顯示彩色圖像的眼鏡，再給你戴上立體聲耳機，你的所見所聞都由計算機來控制。只要軟硬體都強大，人會分不出電子音像和真聲真像的區別。可能現在的軟硬體還稱不上強大，尚做不到這一點，但過去20年裡，技術的進步是驚人的，所以對這一天的到來，一定要有心理準備。

光看到和聽到還不算身歷其境，還要模擬身體的感覺。蓋茨先生想出一種東西，叫作 VR 緊身衣，這是一種機電設備，像一件衣服，內面上有很多伸縮的觸頭，用電腦來控制，這樣就可以模仿人的觸覺。照他的說法，只要有25萬～30萬個觸點，就可以完全模擬人全身的觸感——從電

腦技術的角度來說，控制這些觸頭簡直是小兒科。有了這身衣服，一切都大不一樣。比方說，電腦向你輸出一陣風，你不但可以看到風吹楊柳，聽到風過樹梢，還可以感到風從臉上流過——假如電腦輸出的是美人，那就不僅是她的音容笑貌，還有她的髮絲從你面頰上滑過——這是友好的美人，假如不友好，來的就是大耳刮子——VR 緊身衣的概念就是如此。作為學食品科學的人，我覺得還該有個面罩連著一些香水瓶，由電腦控制的閥門決定你該聞到什麼氣味，但假若你患有鼻炎，就會覺得面罩沒有必要。總而言之，VR緊身衣的概念就是如此。估計要不了20年，科學就能把它造出來，而且讓它很便宜，像今天的電子遊戲機一樣，在街上出售；穿上它就能前往另一個世界，假如軟體豐富，想上哪兒就能上哪兒，想遇上誰就能遇上誰，想幹啥就能幹啥，而且不花什麼代價——頂多出點軟體錢。到了那一天，不知人們還有沒有心思閱讀文本，甚至識不識字都不一定。我靠寫作為生，現在該作出何種決定呢？

20年過去了，比爾·蓋茨想像中的VR技術（虛擬現實），在2016年變成了現實。只要帶上VR頭盔，你就能進入虛擬世界。

有一個網友在社交網站「推特」上這樣說道：

> 如果VR真的能模擬大多數實際生活，而且成本降到每個人負擔得起，那人類就離真正的平等不遠了。

> VR技術把材料的觸覺和質感的傳達，提高到建材的地步，人類也就根本不需要什麼實體空間了，大家一起找個床躺著，全部生活都在VR裡過是最省成本的了。以後名車、美女、豪宅、飛機都變成了便宜的數據，每個人戴上頭盔就能擁有的時候，人生的奮鬥還有什麼意義呢，人類傳統社會必然就崩潰了。

技術高度發達，<u>機器比人更能幹，大部分人終將無所事事</u>。他們可能必須要找到一種嗜好（比如打遊戲），用來消磨時間，否則就只能依靠藥物，解決難以排遣的空虛。

人類社會究竟走向哪裡：是忍受現實的不平等，還是在虛擬中重構平等？未來從來沒有像現在這般撲朔迷離，令人琢磨不透。●

白領工作的消亡

職位殺手

2016年初，諮詢顧問公司埃森哲（Accenture）公佈了一項調查。

他們找到17個行業的1700個白領人士，問了同樣的一個問題：

你覺得計算機會對你構成威脅嗎？

結果令人震驚。35%的人回答Yes。他們覺得在未來，機器可以自動完成他們現在的工作，因此職位可能保不住。最焦慮的就是科技行業的白領，回答Yes的人高達50%，其次是銀行業，比例是49%。

一位評論家一針見血地指出，技術革命進入新階段。以前，消失的是依靠體力的職位，現在就連一部分依靠智

力的職位也在消失。

以前，技術革命只是對藍領工人不利，貿易全球化和自動化技術使得低技能工人失去工作或者一直拿著低工資。而現在，技術革命開始威脅那些有技能的人了，人工智慧、大數據、辦公自動化正在快速地消滅辦公室職位。

誰決定你能借多少？

白領，一般是指那些有技能的人士，比如管理人員、財務人員、金融業者、律師等，勞動主要以智力投入為主。通常需要坐在辦公室裡，衣著整潔，穿白襯衫，所以叫作白領。

以前，白領是令人羨慕的工作，家長期待自己的孩子成為白領。可是，訊息技術高速發展，機器的判斷能力和處理能力，使得很多辦公室職位變得不必要了。

美國曾經有一種工作，叫作「稅務顧問」（tax consultant）。因為稅法非常複雜，普通人根本搞不清楚，所以你會請他幫你報稅。這樣就不用自己填寫複雜的表格，而且他還會告訴你各種節稅訣竅。可是，現在有報稅網站和軟

體，你只要在電腦前回答幾個問題，電腦就會告訴你應該如何報稅，簡單、快速又便宜。那些稅務顧問發現，自己沒法與軟體競爭，只能紛紛轉業。這個職業在美國已經開始消失了。

我再舉一個更常見的例子。銀行職員（比如櫃檯人員）以前是一份可靠的工作，有穩定的薪水可以養家。現在不是了。如今，你去銀行存款或者取款，會找櫃檯人員嗎？不會，大多數時候你直接去ATM機。24小時服務的ATM，正在取代一天工作八小時的櫃檯人員。

如果你說，櫃檯人員不算嚴格意義的白領，那麼信貸員算不算？銀行都有一個信貸部門，這是銀行利潤的關鍵來源。信貸員負責尋找貸款對象和審核貸款，業績往往與貸款掛鉤，如果做得好，收入非常可觀。

可是，現在有了「自動貸款」，比如大陸的支付寶「借唄」服務業務，它會根據消費者的購買歷史、信用記錄和支付能力，自動計算出每個人不一樣的貸款額度。你只要點一下「同意」按鈕，貸款一秒鐘就到賬。這整個過程完全自動化，根本不需要信貸員參與。將來每個人、每家企業的數據都儲存在數據庫裡，計算機自動評估能不能向你貸款、可以貸多少，那麼誰還需要信貸員？

如果仔細考察，你會發現很多銀行職位都有消失的危險，比如風險控制、信用記錄、外匯交易等，軟體都可以完成。對於現在這些職位上的白領人員來說，這是非常可怕的壓力。

你競爭不過「它」

未來什麼工作才能算白領？說實話，沒有人知道。因為很難估計技術會發展到什麼地步。中國經濟史家厲以甯教授最近就說，將來沒有白領和藍領之分。

以後很多工作會由機器人去做，所以藍領和白領的界限將來會逐步消失。當人們都在計算機邊上的時候，你能說誰是白領、誰是藍領嗎？說不出來的，這個界限在逐漸消失，可能10年、20年以後就沒有了。大家都在運用計算機操縱機器人。

如果你的職位有可能被計算機取代，一個現實的問題是，你該怎麼辦？跟機器競爭是不可能的，你沒它可靠，沒它耐勞，沒它便宜。

許多人說，可以接受培訓，學習新的技能，實現人生轉型。這實際上很難做到。比如，現在很熱門的一種職

位，叫作「數據科學家」或者「數據工程師」。但是，一個裝配線工人，不太可能經過幾個月的培訓，就轉變為一個數據工程師。讓我這麼說吧，<u>不僅他不太可能，你也不太可能。任何沒有專業基礎的人轉變為數據從業人員的機會，就是四個字：微乎其微。</u>

技術革命對人類社會的形態，已經產生了深刻的改變。從20世紀90年代開始，低技能勞動者的報酬一直無法提高。現在，輪到白領階層了。他們已經或者即將發現，自己處於掙扎之中，沒有職業前景，工作報酬同藍領工人一樣陷入泥沼，無法提高。對於整個社會來說，技術造成的貧富差距將日益嚴重。這種趨勢已經在世界許多國家出現，政府完全束手無策。

獨特的重要

那麼，有沒有計算機不能取代的工作，所需要的技能是計算機無法學會的？

財經作家吳曉波把難以被機器替代的能力，稱為「柔軟的能力」。目前看上去，有三種能力，機器不大可能實現：

（1）人性化和人格魅力。

機器提供的服務是沒有人性的，也不會有人格魅力，更不會感動人心。這註定了，有些感受是機器無法提供的。最簡單的一個例子，老奶奶在街上突然摔倒了，你會感到心痛和驚慌，要是一台機器突然故障了，你大概不會對機器產生同情心。所以，一個富有人格魅力和人性的人，在計算機主導的時代，是有優勢的；相反，一個沒有個性、人云亦云、千篇一律、會消失在流水線上的人，則天然具有競爭劣勢。

（2）創意。

計算機只能根據算法，做出下一步行為，沒法超出算法的範圍。這意味著，只要掌握了算法，就掌握了計算機的一舉一動。人類則是難以預測的，常常會有天馬行空的創意。機器最難以與人類競爭的，就是創造力。目前，還沒有一種軟體，能夠寫出一部人類愛看的小說，估計將來也難有。另外，科學家曾經有過爭論，計算機會不會「頓悟」？目前看上去，大概也是不會的。

（3）決策和領導力（即企業家能力）。

美國經濟學家熊彼得曾經說過，生產力增加的主要原因，除了資本和勞動力，就是企業家能力。一個優秀的領導者，可以團結所有資源，創造出超額利潤，最典型的就是喬布斯那樣的人物。計算機沒有辦法團結領導一群人，齊心協力完成一個使命。

作為個人來說，人生規劃的時候，應該儘量發展這些能力，才能避免與機器「搶工作」。 ●

為什麼世界上沒有安全的工作？

熱門技術的快速死亡

如果你經常使用互聯網，可能知道有一種東西叫作Flash。

它是一種軟體，用來製作網頁遊戲、動畫，以及視頻播放器。只要觀看網絡視頻，基本都會用到它。

多年前，它是最熱門的互聯網技術之一。如果不安裝Flash，很多網站根本打不開。那時還流行用它製作動畫，隨便一個作品，就有幾十萬、上百萬的瀏覽量。電視臺甚至開闢欄目，播放網上流行的Flash動畫。各大互聯網公司都有專門的Flash工程師，還是屬於那種比較搶手、收入較高的工程師。我記得那個時候，社會上也有大量的「Flash培訓班」，那些招生廣告都寫著「保證就業」。

後來，Flash就不行了。2010年，蘋果的前執行長賈伯斯（Steve Jobs）宣布，蘋果手機不會使用Flash，因為它

會影響手機效能。再後來，新的技術興起，它就開始沒落了。國際新聞媒體BBC還發表了一篇報導，名字就叫《Flash還能活多久？》。話音剛落，一周後，這項技術的擁有者Adobe公司宣布，放棄Flash這個名字，軟體將重新定位，只用來製作動畫。

專家與過時的專家

我並不感歎Flash這項技術的沒落，這也是很正常的事，而是感歎那些從事Flash開發的工程師，他們該怎麼辦呢？你在一個領域鑽研多年，都成了專家，突然之間那個領域過時了，你的所學所長沒人需要了，那將是怎樣的處境？

那些年裡，我在上海遇見過一個朋友。他開了一家軟體公司，專門面向海外市場開發Flash遊戲。公司不大，十幾個人，那時正是最好的年景，每個月都有幾十萬，甚至上百萬人民幣進賬，看上去前景一片大好。

可是，誰能想到Flash技術突然就會不行了呢？

開始時，公司還能維持，後來手機遊戲起來了，Flash遊戲的市場頓時萎縮。我見過他的招聘廣告，改招手機遊

戲的開發者。再後來，就再沒聽到過他的消息。

當一種技術消亡的時候，與它相關的工作職位也就消亡了。這種事情在技術行業特別多，因為技術的升級換代太快了。

讓我再舉一個例子。

蘋果手機出現之前，最流行的手機都使用諾基亞公司開發的「塞班」（Symbian）操作系統。你可能還記得，它的典型標誌就是九宮格菜單。那時，塞班工程師也是非常搶手的，徹底掌握它那一套開發技術，我估計至少要一兩年時間。

後來，智慧型手機流行，塞班一敗塗地。2010年，諾基亞宣布放棄塞班，改用微軟的操作系統。再後來，諾基亞自己也沒了，所有手機工程師都遣散了。我知道，諾基亞中國有一個資深工程師，那時選擇重進大學去讀MBA學位。

一個高速變化的行業

試想一下，你花了多年的心血，孜孜不倦地投入和練習，終於掌握了一門賴以謀生的手藝，還進入了世界排名

第一位的通訊業跨國公司。正在你覺得人生終於有一點安全感的時候，一切就變了，幾年之間，曾經的巨無霸土崩瓦解，不僅你的職位沒了，更可怕的是，以前的產品已經沒人用了，全世界現在不生產任何塞班設備。你的手藝的價值變成了零。

簡單說，可怕的不是你的工作沒了，而是你所在的那個行業沒了。

一家公司從興盛到衰敗，只要兩三年時間，這樣的例子太多了。比爾‧蓋茲就一直說「微軟離破產只有18個月」，意思是說，只要做錯一個重大決策，微軟很快就會完蛋。作為一個「打工者」，公司的命運是你無法管控的。你應該做好準備，你服務的公司隨時可能收攤。「只要進了大公司，職業生涯就安全了」這種想法已經成了一種幻想，而且是很危險的幻想。不要說一輩子，一家公司能存續十年以上，都是少數的情況。

有人說，可以再學習，然後重新就業啊，塞班不行了，可以學習蘋果手機開發。沒錯，說得完全正確。但是，你以前的積累沒了，需要從零開始。跟現在剛剛走出校門的學生，站在同一條起跑線上，學習同樣的東西。

說實話，雖然你有幾年開發經驗，但很可能並沒有那

些20歲的年輕人學得快。<u>在一個高速變化的行業，經驗有時候不是幫助，而是障礙</u>，因為以前的那套行不通了。

退一步說，就算你重新學習了，但蘋果手機的開發也在變，你得不停地追趕新東西。<u>一個人的人生，能經受得起多少次從零開始呢</u>？

重新就業的常態

「終身學習」這個詞完全沒錯，但是想通過「終身學習」保持職業競爭力，我覺得不太可能。

軟體工程師，乃至其他很多技術職位，其實是「青春飯」。只有底層的技術，還有一些穩定性，愈接近應用層，技術的升級換代就愈快。你學會一門技術，然後吃上30年，這種事情愈來愈少見了。更常見的是，幾年以後，你會的東西就淘汰了，你被迫重新學習新東西，或者重新就業。

為什麼在中國大陸很少見到35歲以上的軟體工程師？因為他們上學時學習的東西都淘汰了，必須和年輕人一起學習新技術。你很難比年輕人更有競爭力，其中最關鍵的是，雇用剛走出校門的學生，比雇用你便宜得多。

　　其他行業的升級換代，不如技術行業那麼誇張和激進。職業的安全感可以保持得更久一些，但遠不是高枕無憂。技術正在取代人力勞動，比如財務會計這樣的行業，隨著電子支付的興起，將來肯定不會需要這麼多財務人員。「互聯網＋」從某個方面說，就是使用互聯網技術取代一部分人力，更便宜地服務更多的顧客。

工資上漲，機器人上場

　　世界上有沒有安全的工作？

　　公務員可能比較安全，因為這個職業改變得很緩慢，而且沒有技術升級的壓力。醫生和律師，也比較安全，因為對於這些行業，經驗很重要，但技術正在把它們的成本降下來。廚師和物流，也是比較安全的行業，因為燒菜機器人和送貨機器人，實現成本很高，人力實現比較便宜，暫時不會被取代。但是低端的廚師和物流是純粹的體力勞動，非常辛苦，沒有進入門檻，供給非常大，拿不到高工資。

　　由於機器人的購買成本昂貴，那些低端的體力職位暫時得以保全。一旦工資開始上漲，企業為了降低成本，就

會考慮機器人替代人工。有篇報導這樣寫道：

渣打銀行今年7月發佈的《中國、東盟及前景》報告中，調查了珠三角地區200多家企業製造商，這些製造商們預計工資平均漲幅將達7.2%。在這樣的背景下，希望使用更多機器人來代替工人的企業家不在少數。

6月28日，在深圳舉辦的華南國際工業自動化展覽會上，幾乎每一個展臺前都展示著正在工作中的機器人，一個個規律地進行著重複工作，動作整齊。多個行業的廠商前來尋找能夠給他們的生產線導入自動化設備的機器人企業，用那些不知疲倦的機器人代替需要吃飯、休息的工人。

廣東省是中國的大型製造業中心，也是勞動密集型企業聚集地。這些需要大量勞動力的工廠，正在努力提高自動化生產水平，減少對基礎勞動力的需求，而機器人的市場則正在愈變愈大。2013年以後，中國已連續四年成為全球最大的工業機器人市場，中國占全球市場的份額從2013年的五分之一，到2016年已增長至接近三分之一。

一位名叫范伏清的大陸企業家，在訪談中說明他為什麼更喜歡機器人。

范伏清是貝爾順集團的董事長，他的公司主要製造和銷售骨傳導耳機等可穿戴設備，有八條生產線，近800名員工。范伏清說，去年看到一位家電企業老闆的朋友引進數台機械手，提高了生產效率、降低了部門職位的人工需求的同時，還拿到了60萬元的政府補貼，他今年也決定效仿。……如果機械手成功安裝，范伏清的每條生產線可以節省30名以上的工人，這意味著每個月能省下24萬元的現金工資，以及60名員工的食宿成本。

最終來說，製造業和服務業都將高度自動化，它們現在吸收的大部分勞動力都將失業。

人類社會的就業形態正在發生深刻的改變，「終生職業」愈來愈少了。每個人都應該儘早打算，如果明天你的職業消失了，你該怎麼辦？●

● ● ● ● ● ● ●

那些無用的人

智人末日

《人類大歷史》是以色列學者尤瓦爾・赫拉利寫的一本暢銷書，主要講人類這個物種（即智人）的歷史。作者完全用自己的觀點解釋歷史，表達他對人類歷史的個人看法。

最驚人的一個觀點，大概是他對人類的前途相當悲觀，認為人類可能即將滅絕。

全書最後一章的標題，叫作〈智人末日〉。作者感歎道，人類社會存在了七萬年，真正的大發展只是最近兩三百年。但是，再過一千年，人類是否還會存在，已經很可疑了。

今天，人類正在讓許多物種滅絕，甚至可能包括自己。如果今天發生核災而讓世界末日降臨，人類將毀滅，而老鼠

《人類大歷史》一書的作者、以色列歷史學家赫拉利（Yuval Noah Harari）。
（達志影像）

和蟑螂很可能繼續生存下去。或許6500萬年後，會有一群
高智商的老鼠心懷感激地回顧人類造成的這場災難。

我們還有多久時間？沒有人真正知道。如果智人的歷史
確實即將謝幕，我們這些最後一代的智人，或許該花點時間
回答最後一個問題：我們究竟想要變成什麼？

500萬個工作岌岌可危

赫拉利認為，人類可能滅絕的根本原因，在於技術的高速發展。

技術帶來了現代化生活，也導致了前所未有的危機。別的不說，眼下的危機就是，短期內就會有大量失業出現，許多人將變得毫無用處。赫拉利說：

技術造成的人力精簡，將在今後五年內，導致全球發達國家失去710萬個工作職位，但在科技、專業服務及媒體領域，將創造210萬個工作職位。兩相抵消之下，未來五年內，將會淨損失500萬個工作職位，其中以行政工作與白領階級為主。（摘自世界經濟論壇《未來的工作》，2016）

上一次的工業革命，體力勞動被替代了，比如，水車替代了拉磨，汽車替代了馬車。這一次的訊息技術革命，智力勞動者將被撤換，計算機替代他們做計算和判斷。

體力職位沒了，人類可以從事智力職位。可是，智力職位也沒了，人類能幹什麼呢？

機器人警察

2016年5月，美國達拉斯發生襲警案，一名狙擊手放冷槍，打死了5個警察。最後，他被包圍在一片建築群裡面，但不知道他的確切位置。

警方就派出一個遙控機器人，在建築群裡巡查，一發現目標，就扔出一顆炸彈，一下子就把罪犯炸死了。整個行動高效、快速，警方沒有任何流血。更重要的是，這是歷史上第一次，機器人警察殺死人類。

可以想像，隨著犯罪行為屢禁不絕，以及罪犯裝備的升級，機器人警察將會得到推廣，取代人類警察打擊犯罪。人類士兵也會被取代，以後的戰爭就是機器人戰爭。

《人類大歷史》一書中就說：

未來可能不再需要司機。我們已經有了無人駕駛的汽車。他們不喝酒，不疲憊，比人類駕駛還要安全。當所有的汽車都變成了無人駕駛，我們就可以把它們聯網，形成一個車聯網。這樣的話，交通警察可能也不需要了，因為所有的車都可以通過這張網絡獲取道路訊息。

　　無人駕駛不僅會讓司機和交警失業，而且長遠來看，會消滅整個運輸物流行業的工作職位。既然車輛可以自動到達目的地，那麼送貨的快遞小哥也不需要了。

無法再就業

　　人的價值體現在他的工作成果上。如果有些人根本找不到工作，他們的價值體現在哪裡呢？

　　過去，工業革命吸收了農業釋放的數十億人力，將人類的勞動場所從田野和作坊，變成了工廠和辦公室；現在，工廠和辦公室開始釋放人力，又有什麼行業可以吸收他們呢？

　　愈來愈多的人將會發現，他們根本不可能找到工作。智力和體力兩方面，機器都比人類能幹。你要嘛比機器更能幹，要嘛比機器更便宜，否則你怎麼跟機器競爭工作職位呢？

　　有人說，技術會創造新工作，只要不斷學習新的技能，就不用擔心自己會被淘汰。這對一部分人也許可以，但對大部分人這樣要求是不現實的。

　　世界經濟論壇統計，目前的小學生長大後，65%會從

事現在還不存在的工作。孩子們在中學或者大學學到的大多數東西，等到四五十歲的時候可能都會變得無足輕重。如果他們還希望繼續保住工作，那就得不斷地改造自己，而且頻率得愈來愈快才行。

保持就業競爭力所要求的那種「終身學習」，根本不是業餘時間看看書、聽聽講座的學習強度，而是遠超這個，那需要你全部時間、全身心地投入，學到筋疲力盡的種程度。你要求一個人離開學校以後，比在學校裡面還要勤奮、還要努力，對於大多數人來說，這怎麼可能！

不是每個人都善於學習，更不是每個人都具有學習的意願。大多數人只希望生活舒適，不願意動腦筋，去搞懂那些抽象的公式。而且，要求四五十歲的人跟剛走上社會的年輕人一樣拚搏，也不現實。如果終生學習是唯一的就業出路，那麼對於大多數人來說，就是沒有出路。

將來，不僅可能出現大量的失業（unemployed），還可能出現人們「無法再就業」（unemployable），因為他們沒用了。低技能的工作都自動化了，高技能的工作要求多年的學習和艱苦的投入。那些無法就業的人退休還太年輕，從零開始再學習又太老。

你我將親歷革命

赫拉利說，人工智慧取代了那些簡單技能的工作職位以後，人類當中會出現一個龐大的、無用的無產階級。

未來，人類可能會分化為兩個主要的等級：一個全新的更先進的精英階級，很聰明，很富有，有更好的基因和更長的壽命；還有一個全新的一無用處的無產階級，他們將愈來愈窮地等待死亡，可能變成沒有工作、沒有目標、戴著VR頭盔消磨時光的烏合之眾。

人類社會的政治和經濟結構，都會因此被顛覆。

當代國家是建立在人對國家有用的基礎上的，大部分人的角色是工人和士兵。如果這些角色被機器取代，那麼底層的人們對國家來說，也就不再重要了。國家很可能會忽視他們的需求，只是出於社會穩定的目的，提供基本的生活資料。而人們也比以往更依賴政府，因為如果政府停止救濟，他們就無法養活自己。

尤瓦爾‧赫拉利將這種情景，列為21世紀最悲慘的威脅之一：

隨著人工智慧變得愈來愈聰明，會有更多的人被擠出就業市場。沒人知道大學該學什麼，因為沒人知道20歲的時候學的東西到了40歲還有沒有用。等你知道的時候，已經有數十億人變得一點用都沒有了。這不是偶然，而是必然。

現在斷言人類在未來幾百年裡要滅亡，或許還太早。但是，人類社會即將發生天翻地覆的變化，卻是不爭的事實。這種變化已經開始了，我們這代人就會親歷這場變化。

它也許是人類最後一次的技術革命，希望你能夠成為這場革命的倖存者。　●

窮忙的人生

弱者愈弱

　　香港曾經有一檔電視真人秀，叫作《窮富翁大作戰》，專門邀請富人體驗窮人的生活。

　　有一期節目的主人公是田北辰。他的父親田元灝是香港紡織界的看板人物，人稱「一代褲王」。田北辰大學畢業於康乃爾大學電子工程系，又去讀了哈佛大學 MBA，回到香港後創辦了服裝品牌G2000和U2，是那種很努力的「富二代」。

　　他崇尚自由競爭和人生奮鬥，座右銘是「如果你今天對自己滿意，明天就會被淘汰」，一直宣揚「如果你有鬥志，弱者也可以變成強者」。

　　但是，參加了這次電視節目以後，他的觀點發生了180度轉變，對著電視鏡頭公開說：

這個社會在極嚴厲地懲罰那些沒條件讀書的人。窮人一輩子都不可能變成有錢人。在強弱懸殊的情況下，只有弱者愈弱，愈來愈慘！

豪華「籠屋」

田北辰為什麼改變觀點，認為窮人不可能翻身呢？原來，節目組請他體驗了兩天清潔工的生活，薪資是每小時25港幣，每天的生活費是50港幣，住在只有1.6平方米的「籠屋」，月租1350港幣。

所謂「籠屋」，外面看著像衣櫥，門一拉開，裡面只能放下一張床，關上門四面全挨著木板牆，東西都掛在牆上。就是這種條件，房產中介還稱它為「豪華籠屋」，因為還有更低檔的的600港幣月租籠屋——就是在馬桶上放一塊木板睡人。

上班時間是早上五點，地鐵頭班車還沒開，只能坐夜宵巴士，車資是13港幣，田北辰驚呼：「每天生活費只有50港幣，這怎麼坐得起！」

開始工作後，好不容易熬到中午吃飯，但只有15元的預算，大部分的飯要20元，他最後只能坐在街邊的樓梯

上，就著白開水嚼乾糧。

吃完了，還要抓緊時間躺在花壇上休息一會。

做滿9個小時，就可以下班了。但是，真正的清潔工為了養家糊口，還要去做夜班，一天在外近17個小時，只能睡五、六個小時。田北辰說，因為他只需要體驗兩天，自己才有鬥志堅持下去，如果要做一個月，甚至半年，那就太絕望了！

沒有學歷、技術的人，為了活下去，不是住籠屋就是要工作到半夜，對於他們，最重要的事情是下一頓吃什麼，怎麼會有時間和精力去思考未來怎麼發展？來來去去都在條死巷裡！

送單女王

每天忙於工作，幹到累死，但還是很窮，只能租屋住，沒有自己的積蓄，一旦停止工作或者生病在床，生活來源頓時就成問題。田北辰體驗的這種人生，社會學家早就注意到了，起名為「窮忙族」，百度百科的定義[1]如下。

---

1 請參見：https://baike.baidu.com/item/%E7%A9%B7%E5%BF%99%E6%97%8F/1407708

　　窮忙族是指那些薪水不多，整日奔波勞動，卻始終無法擺脫貧窮的人。……最早出現於20世紀90年代的美國，指拼命工作仍然無法擺脫最低水準生活的人們。日本經濟學家門倉貴史在《窮忙族》一書中對"窮忙族"下的定義是：每天繁忙地工作卻依然不能過上富裕生活的人。

　　不僅香港有「窮忙族」，大陸也愈來愈多。舉例來說，根據報導，2016年上海送外賣最多的送餐員，是一位叫作何文妹的中年女性，她至少送出了12, 214單外送餐點。即使全年無休，每天平均也要33單，從午飯時間一直送到深夜，一刻不停。電動機車的電瓶，一天要準備6組。她車上插著兩個手機，一個導航，一個接單。

　　這種強度的勞動，每年能有多少收入呢？每單的送餐費是8元人民幣，這就是說，何文妹一年的送餐總收入在10萬人民幣左右。扣除電瓶費、車輛維護費、通訊費等開銷以後，淨收入大概還能剩下8萬多元。這是「送餐王」的收入水平，大部分送餐員的收入，應該遠不如她，可能只有一半左右。

　　上海的底層勞動者，收入基本就是這種水準。他們還要用這些錢支付房租。每天下班回到家，累得就想睡覺，

睜開眼就要去上班，日復一日，人生的出路在哪裡？

沒有時間、只有掙扎

　　將來的「窮忙族」，不僅是低技能的底層勞動者，還將包括很多受過高等教育、在辦公大樓工作的白領。年輕人如果沒有家庭支持，想要靠自己的努力出人頭地，會變得愈來愈難。因為單靠工資收入，已經不足以積累財富了。

　　有一項統計[2]說：

　　1993年屬於低等收入者的城市人，到了1995年有43%都能向上爬。而相比之下，2011年屬於低等收入者的城市人，到了2013年只有20%能摘掉最底層的帽子。一個不恰當的比喻，如果20世紀90年代算是城市窮人的黃金時代的話，那今天這種好日子已經結束了。

　　一方面，城裡窮人愈來愈難走出貧困；另一方面，城裡

---

2 請參見：https://c.m.163.com/news/a/CH66B8Q700018M4D.html?spss=newsapp&spsw=1

富人的位置也坐得愈來愈穩。1993年至1995年，城裡的高等收入者有64%的機率能一直當富人。而到了2011年到2013年，高等收入者竟然有84%的機率能保證自己不被從富人列表中除名。

上面的數字就是說，如果你是窮人，80%的機率以後你還是窮人；如果你是富人，84%的機率以後你還是富人。臺灣一個部落格「峰言峰語」的作者感歎[3]說：

那種奴隸化的生活（長時間工作，卻僅能勉強滿足溫飽）才是歷史的常態。過去30年社會階層的大幅流動，是歷史的不正常，現在開始回歸常態。99%的我們，都面臨著這種大趨勢的吞噬：你的工資不變，但房價和物價卻愈來愈高，於是你必須花更多時間來賺錢，甚至一天做兩份工，最後成為沒有自己時間的奴隸。

總體來看，下一代青年不太可能有上一代那麼多機會。經濟增長率已經開始放緩，並且還將繼續放緩，人口

----

3 全文請參見：http://mapleduh.pixnet.net/blog/post/47158492

增長高峰已經過去，老齡化愈來愈嚴重，老人的消費遠不及年輕人。礦業、製造業、零售業、證券業……除了高科技，幾乎所有行業都不會有以前那麼高的增長率。在中國大陸，上一代人趕上了經濟起飛，還擁有依靠房地產翻身的機會，但是下一代人不會再有這樣的機會。你現在買入一間房子，十年後價值翻上十倍，完全是零可能。

愈來愈多的人將會發現，即使從小就努力學習，從很好的學校畢業，後來努力工作，但迎接他們的將是「長久的低薪、難升遷的職場、高昂的物價、買不起的房子……」。儘管你很努力，待人友善，有公德心，但就是賺不到錢，只能在社會的底層掙扎。

下流老人

2015 年，社會工作者藤田孝典調查日本的老人問題。

他發現[4]，很多老人年輕時都拿過中產階級的薪水（400萬日元），但是現在已經淪落到社會的底層，過著非常困苦的生活。「七老八十還要在大熱天當廉價勞工，因經濟

4 資訊參考來源：http://www.cup.com.hk/2017/06/26/the-poor-elderly-in-japan/

拮据而妻離子散，唯有獨居爛屋，孤零零度過晚年。」

藤田孝典將這些老人稱為「下流老人」（底層老人）。他稱，日本的下流老人以後可能會達到1億人。要知道，日本現在的總人口也只有1.27億。

下流老人有三大特徵：

（1）收入極低，即使政府提供補助費，也難以維持健康飲食，以及一般家庭應有的生活；

（2）存款不足，老人必須提心吊膽地過活，一旦碰到突發事故或慢性病，日常已經捉襟見肘的生活，就會面臨崩潰危險；

（3）老無所依，子女連自己都養不起，更遑論贍養老人。日本不少老人因家庭破碎而長期獨居，平日缺乏與親朋鄰里的交流，關係疏離，一旦發生意外無人照應。在晚年失去可以依靠的人，是下流老人最悲苦的特徵。

下流老人的根源就是，錢花光了，人還沒死。日本媒體還發明了一個詞「老後破產」，這就是長壽的惡夢。

現代科技如此發達，人的壽命愈來愈長，可是工作又積累不了財富，於是，「清貧青年，流沙中年，下流老人」就成了大多數人必然的命運歸宿。 ●

●●●●●● ●

為什麼你可以不讀大學

在線學習

我一直相信，互聯網教育是未來的方向。美國三個主要的在線教育網站——Udacity、Coursera、可汗學院——我都經常訪問。

2016年4月，Udacity 進入中國，推出了中文版「優達學城」，一下子引起了我的興趣。因為它幹了一件沒有先例的事情：頒發網絡文憑。它辦了一個網上的「矽谷大學」，自己發文憑，名稱是「奈米學位」。據介紹如下：

奈米學位（*Nanodegree*）是優達學城此前與 *Google*、*Facebook*、亞馬遜等互聯網公司聯合推出的學歷認證項目。學員在線學習，所有項目考核合格之後即可獲得納米學位。

我寫作此文時，總共有12種納米學位，包括機器學

習、無人駕駛車開發、VR開發這樣非常前沿的領域。

在官網上，優達這樣介紹：

我們沒有嚴格意義上的錄取流程，對報名者唯一的要求是學習該奈米學位項目所必需的先修知識和技能。奈米學位項目採取自主學習模式，你可以按照你喜歡的速度完成項目。

該公司宣稱，中國大陸的許多互聯網公司（比如滴滴出行、優酷土豆、京東、新浪）已經認可了奈米學位。

我忍不住想，會不會以後找工作，大家手裡拿的不是大學文憑，而是網站頒發的文憑？如果雇主認可網絡文憑，我們是否還需要大學文憑？

下面是我的一些思考。

什麼知識才是有用的知識？

當代的大學起源於歐洲修道院的模式。學生要經過多年的苦修，經過考核，才能畢業。如果想成為高級僧侶，就必須再多熬幾年。另外，還有導師作為監督人，防止你學到歪門邪說。

這種模式的兩大弊端，演變到今天，已經愈來愈嚴重了：一個是傳授的知識老化，另一個是極其浪費學生的時間。

在農業社會，上一代人的知識可以一成不變地用在下一代。而在訊息社會，前幾年的知識，再過幾年就不能用了。

舉例來說，眼下就業前景最好的行業，我覺得有兩個：區塊鏈和VR。它們在五年前都是不存在的，那時就業最好的是蘋果iOS系統的應用開發，可是再往前推五年，它也是不存在的。伴隨著它們的是，很多舊工作職位的消失，比如塞班作業系統、黑莓、Windows Phone的開發。

這種情況下，大學應該教什麼，我們根本不知道。學生畢業後的行業，現在根本還沒有出現。因此，大學只能重點教基礎類課程，而且各個方向都必須教到，因為不知道學生將來會用到哪個方向的東西。這樣就會耗費大量的時間，學習專業的各種基礎知識，其中許多對人生來說是沒用的。學生常常感歎，考試一結束，有些課程這輩子再沒有用到的機會了。

更糟糕的是，學生的培養計劃，都是一些二、三十年

前畢業、然後一直待在大學裡、與社會生產實踐脫節的人制定的。他們的知識和思維早已過時了。這樣的人指定你應該學習的知識，很可能在你學的時候就已經過時了。

大學不是唯一的選擇

退一步說，就算你在大學裡能學到真正的知識，那也不應該在那裡待四年。如果只學最需要學習的東西，一年就夠了。

四年時間足以讓一個人在任何領域成為資深業者，甚至專家。可是我們的大學生呢，經過本科四年，不要說領域專家，甚至能力強的學生都寥寥無幾。我們的大學制度用了四年時間，培養出了大量一無所長的、迷茫困惑的、市場滯銷的年輕人。

18歲是人生最有熱情和精力投入一項事業的時候，但是，大學將你一連四年關在教室和圖書館裡，把考試和成績偽裝成你奮鬥的目標，人為將你與真實世界隔離，引導你去關注那些對未來人生毫不重要的事情。經過這樣四年的歧途，等你真正走進社會、要跟全世界競爭的時候，你的競爭力不是變強了，而是變弱了。換句話說，四年制大

學很可能是削弱你，而不是讓你變得更強。

2014年諾貝爾物理學獎得主中村修二，就曾經寫過一篇長文，名字就叫〈東亞教育浪費了太多的生命〉[1]。

世界著名軟體工程師加文斯基（Jamie Zawinski）曾經解釋，為什麼他只讀了一個學期的大學就退學：

進了大學以後，每天8點就要起床，開始訓練記憶力。有一門課我早就會了，想申請免修。教務長說不行，你必須上，這是政策。見鬼，我為什麼要自己付錢，來這種地方。我就退學了，從來沒後悔過。

我們時代的很多成功者，賈伯斯、比爾·蓋茲、祖克伯格等，都是輟學生，這絕不是偶然的。不是他們在大學待不下去，而是他們發現，沒必要在那個地方待四年。如果他們咬著牙忍受下去，熬到拿到文憑的那一天，蘋果公司和微軟公司可能都不會有了。

讀大學，只是18歲時很多種選擇中的一種，不是唯

---

1 這篇文章請見《紐約時報》https://www.nytimes.com/2017/01/30/education/edlife/factory-workers-college-degree-apprenticeships.html

一的選擇，更談不上是最好的選擇。校園是一個美麗的地方，但是如果一定要在裡面待上四年，那還是算了吧。

職業生涯 vs. 學術生涯

德國和瑞士的中學生畢業後，要選擇走學術道路還是職業道路。只有不到30%的人會去讀大學，其餘的人都接受職業培訓，為職業生涯做準備。

我認為，這才是更合理的制度。畢竟大多數人不會從事學術研究，而要靠某種職業謀生。你要知道，大學課程是為學術生涯打基礎的，不是為職業生涯設計的。所以，你確定要投入某個職業，合理的選擇不是先上大學，然後再找工作，而是一開始就接受職業培訓，然後一邊工作，一邊學習各種對職業生涯有幫助的課程。

理論上，一個人只要接受了中等教育，就可以進入社會了。大學的本意是為那些走學術生涯的人開設的，後來慢慢變味了，以至於現在社會上居然有一種說法，「大學是素養教育」。不是這樣的，任何時間地點，你都有機會提高素養。

另外，從經濟角度看，如果你不想走學術道路，卻去

讀大學，將不利於你的收入。目前，技術工人的薪水正在不斷上升。比他人多幾年職業經驗，你早早就可以拿到高級技工或工程師的薪水。如果你大學畢業，從零開始就業，你的收入會比同齡人落後幾年。如果你還欠了學生貸款，處境就更糟糕了。

更操之在己的知識時代

注意，我不是說知識無用，而是說知識（尤其是非學術的知識）不一定要通過大學獲得，通過互聯網一樣可以接受高等教育，而且更高效和便宜。

技術已經成為人類社會發展的主導性力量，學習和教育變得比以往更重要、更關鍵。但是很不幸，我們的學習和教育制度已經完全過時，傳授的知識有用的少，沒用的多；傳授方法仍然依靠灌輸和記憶，而不是啟發和理解，極其低效，浪費學生的時間，打擊學習熱情，磨滅對知識的興趣；對年輕人的成長，正面影響少，負面影響大，而且看不到改變的希望。

以前，人生的選擇很少，你不得不去讀大學，因為沒有其他地方可以接受高等教育。社會還把很多機會與文憑

掛鉤，先有文憑，然後才能就業、有職稱、有住房等。

但是，時代已經變了，文憑正變得愈來愈不重要。那些與文憑掛鉤的東西，正在一項項脫鉤。

互聯網將教育的自主權，交到了每個人自己手裡。上什麼課程、什麼時間上，都完全由你決定。你可以一邊工作，一邊利用夜晚和週末，學習網絡課程。這樣的話，不僅早早就會有收入，而且只學那些自己覺得最有用、最感興趣的內容，學習的效率很高。如果發現對學術有興趣，將來再回大學，攻讀更高的學位，也是完全可以的。

等到22歲，別人剛剛開始找工作，還在為歸還學生貸款發愁，你已經有了四年工作經驗和一些積蓄，認清了自己的人生道路，開始向事業的高峰衝刺了。

對於那些正在大學裡苦苦努力、不知道方向何在的年輕人，我有一點建議。

大學課程是為了那些不知道學什麼的人設計的，千萬不要因為自己找不到方向，而被這些課程「畫地為牢」限制住。

你要主動去接觸和學習那些自己感興趣的東西。引用一個網友的話，「你要做的就是自主、跨界、終身學習」。

職業篇

2

技術的進步讓人類活得更長、更健康，
但也讓我們變得不那麼有用了。
將來也許每個人都要選擇兩次自己的人生：
一次是大學畢業找工作時，
另一次是45歲沒有工作時。

為什麼雇用制度對工人不利？

當代社會的基礎，就是雇用制度。老闆雇用工人，組織生產。

這種模式極大地提高了生產力，還成為社會的默認形態。今天，有人問你幹什麼工作，其實就是在問，誰雇用了你？人們已經默認，工作就是雇用，雇用就是工作。

很難想像，如果沒有雇用制度，我們這個社會怎麼運行？

上班的歷史

現在的人們把每天去公司上班，視為天經地義的事情。許多人的心目中，人生只有一種模式：找到一家願意雇用你的公司，一直工作到退休，如果中途離職，那就再找下一家公司上班。

但是，這種生活模式其實只有兩三百年歷史。人類歷

史的絕大部分時間，都沒有上下班和雇用的概念。歷史上（奴隸社會除外），只有兩種勞動者：農民和手工業者。他們都是自己負責生產，不是別人的雇員。

我們不應該把現在的雇用制度，視為理所當然。它不是人類社會運行的唯一模式，過去不是，將來也未必是。

同時，雇用制度是一種有傾向性的制度：對資方有利，對勞方不利。

資方和勞方的利益是對立的：工人少拿一點，老闆就多賺一點。這一點並沒有問題，利益分配總是這樣。

雇用制度的真正問題是勞資雙方的地位不平等，做出決策的總是資方，勞方只有被動接受資方決策的命。也就是說，老闆說什麼，你就必須做什麼，這才是問題。考慮到老闆可以從你的損失中獲利，就更顯出這個制度的缺陷了。

舉例來說，今年公司賺了100萬，那麼工人可以獲利多少？回答是不確定，看老闆心情。他想多分你一點，你就可以多拿錢；他一毛不拔，你也拿他沒辦法，而且你也清楚，這樣對他有利。公司賺多少錢，其實對你是不重要的，重要的是老闆的分配決策。

反過來說，今年公司虧了100萬，老闆的決策就更簡

單了，就是把你解雇，省下你的工資支出。我們經常可以看到，某家公司宣布解雇員工以後，股價反而上漲了，因為市場認為這樣有利於公司的發展。你失業了很痛苦，但是股東高興了，因為他們的股票更值錢了。

總之，雇用制度，乃至總體的當代社會制度，都偏向資方。對勞方來說，在這種制度下，人生完全是被動的：不能充分地享受利益，反而會完全地承擔成本。甚至還常常承擔超出自己份額的成本，就像富人經常把應該他們承擔的社會成本，轉嫁到窮人身上那樣。

誰離開了都不重要了

雇用制度還有一個嚴重的問題，就是對工人的身心健康很不利。

幾十年如一日的上下班生活，非常容易讓人產生心理和生理的疲勞感。工業革命後，人類的心理疾病呈現爆炸式的增長，這跟雇用制度的興起有著密不可分的關係。

愈是大公司，愈容易讓人產生疲勞感。對於基層員工來說，大公司的工作是非常無聊和讓人厭倦的。

工作的乏味和令人厭倦，其實是公司的一種制度設

計。只有這樣，才能保證公司的利益。

首先，一個優秀能幹的員工能給公司帶來很大的利益。但是，凡事都有雙面性。現在這個社會，人才流動很快。能力強的、聰明的人，雖說給公司帶來不少利益，但是做幾年就遠走高飛的情況非常多。他們的離開就會給公司造成很大的缺口，很多地方都要好久才能補上，公司的元氣大傷。

公司發現，<u>他們不能太依賴人才，而應該讓人才依賴公司</u>。管理層的最終作用，就是讓誰離開了都無所謂，公司都能正常運作。所以，大公司把各個部門劃分得很細很細，每個人負責的東西很單一。這樣一來，每個員工「術業有專攻」，效率上去了，經驗積累了，而且公司的運作就會流程化。

一旦流程化，員工的工作就變得很單調了，沒有太多的創造性在裡面。什麼創意、可靠性、穩定性等等，都有專人做了，你只需要按照手冊，做好你那一份事情就可以了。最後，對公司來說，就是誰離開了都不重要了。規模愈大的公司，往往分工愈細，對人才的要求就愈低，反倒是小公司需要多面手。

工作流程化以後，如果每天都在同一個地方，做著同

樣的事情，日復一日，就算沒有病，也會被活生生逼出病來。富士康公司的工人會跳樓，大概就是這個原因。

自救

可悲的是，站在工人的角度，你根本無力擺脫這個制度。你知道這個制度對你不利，但你還是必須求著別人雇用你，有工作以後，還要提心吊膽，擔心會不會失業。不這樣，你就沒法賺到錢養活自己。

市場上有很多書籍，教你怎麼在雇用制度下生存下來（比如《職場×××秘笈》）。但是，我的這本書不是，我更多思考的是，怎樣離開這個制度，還能夠活得下去。

不過，不是每個人都有能力離開這個制度的。而且，在這個制度中，還是有可能成功的，從勞方搖身一變成為資方。因此，建議是如果你在大公司工作，就一定要有個明確的職業發展方向，不要以為進大公司就前途一片光明。如果在大公司裡面，想要技術上有造詣，工作經驗的積累只是一方面，真正的突破要靠自己業餘深造！

不然，路就會愈走愈窄，公司遲早會讓你來承擔成本，甚至通過擺脫你來降低成本！●

API之下，
公司不再需要中階主管了

雖然文章標題裡面有API，但是這裡要談的不是程式設計，而是更重要的事情。

很多公司的組織架構，都有一個「中層」。高層領導和基層員工之間，存在大量的中層幹部。公司愈大，中層幹部愈多。

2015年，矽谷創業家萊因哈特（Peter Reinhardt）觀察到一個現象：矽谷科技公司正在變得愈來愈大，但是公司的中層幾乎沒有變大。原因就在於，大公司正在用API替代掉中層幹部。

你的上司是軟體

所謂API，就是軟體的接口。通過API，軟體接受外部指令，並且輸出結果。萊因哈特發現，高層通過軟體，直接給基層下達任務，因此不需要中層了。

　　舉例來說，外賣送餐員就沒有上司，他們直接從 API 接受任務，然後把送餐結果回報給API。不僅是外包員工，現在的趨勢是公司內部也採用這種管理方式，將日常管理制度化和標準化，基層員工通過API獲知並完成公司下達的任務。

　　阿里和騰訊這樣的大型互聯網公司，只有幾萬人，但是他們的營業額和業務範圍之大，如果換成傳統公司，至少需要幾十萬人。為什麼幾萬人可以做成幾十萬人的事情？原因之一就是，阿里和騰訊都有很強大的內部網絡，員工的各種需求，不需要找上司，直接到內網查詢或填寫表單就可以了。傳統上，中層幹部承擔的管理職責，都被內部網絡取代了。

　　這種趨勢發展下去，長期來看，未來只有兩種工作：API之上的工作和API之下的工作。API之上就是制定 API 規則、給API下達指令的人。API之下就是接受API 指令進行工作的人。

　　《富比士》雜誌還根據萊因哈特的觀點，繪製了一張趨勢圖，讓人一眼看出API之上與之下的工作分布。[1]

---

1 這張圖的原圖請見：https://goo.gl/GxKuvS

　　2005年，亞馬遜推出一項業務叫Mechanical Turk，它讓世界各地的人們到該網站接單，完成任務後領取報酬。這就是第一種API之下的工作，此後這類工作已不斷增加，直到今天。

　　預計到2020年，人工智慧廣泛應用以後，API之下的工作將急劇增加，API之上的工作將急劇減少，未來的大部分工作崗位都是API之下的工作，大部分人都要接受軟體的指令工作。同時，由於機器人愈來愈強大，會搶走一部分工作，以後想找一份API之下的工作恐怕也不容易。

　　很顯然，API之下的工作是比較差的，因為報酬較低、競爭激烈，能不能拿到活、工作業績的評價都取決於別人，所以遠不如API之上的工作。而且，API不會對你進行職業培訓，也不會關心你的職業生涯。

　　萊因哈特說：「一旦管理層和基層員工之間引入軟體層，就沒有了明顯的向上路徑」，基層員工將毫無晉升到管理層的途徑。

　　軟體正在變得愈來愈強大，用途愈來愈廣，那麼「API層」將愈來愈厚。未來的年輕人生活在API之下，抬頭向上看，只會看到一個無邊無際的軟體層，根本不知道如何爬到雲端，去做那些API之上的工作。●

● ● ● ● ● ● ●

母雞與前端工程師

2016年，全中國大陸的高中畢業生達到空前的756萬人，又趕上很多傳統行業緊縮產能，就業壓力很大。

很多曾經的「明星專業」，都已經就業困難。我考大學的時候，國際貿易是最熱門的專業之一，大家認定這個專業容易賺錢。但是現在這個專業的畢業生，想找一份好工作會很難，上海將它列入十大預警專業，即最難就業的十個專業之一。

但是，並非所有行業都不景氣。至少有一個行業的人力需求極其旺盛，到處都是招聘廣告，工作職位是應聘者數量的好幾倍，通常你都有好幾家公司可以挑。每週都有朋友發來消息問我，能不能幫忙介紹幾個人過來，我們實在是缺人啊。

這個行業就叫作互聯網開發。

雞蛋與工程師

互聯網行業的勞動力需求，真可以用「工荒」來形容。

只要你會做網頁，尤其是手機App的頁面，或者微信的活動頁面，就不愁找不到工作。哪怕你剛剛學會幾個月，或者剛從培訓班畢業，只要能拿出作品，就會有比其他行業高得多的起薪。等到有了一兩年工作經驗，工資就可以達到大學教授的水平。

這樣的就業行情，怎不令人趨之若鶩。儘管每年都有好幾萬新人加入，互聯網公司還是在喊，工程師嚴重短缺。

我曾經不太理解，為什麼網頁開發工程師（或稱前端工程師）這麼搶手。直到有一天，看到了一組雞蛋的統計數據，才想通了這個問題。

中國是世界雞蛋第一大國。據統計，2013年全中國蛋產量5750億枚，一個中國人平均一年要吃掉400多枚雞蛋。

那麼中國需要多少隻母雞，才能達到這樣的產量？

據說，普通母雞一年大概生200～250枚雞蛋。養雞場裡最優秀的母雞，一年可以達到320枚。以250枚計算

的話，中國至少需要有23億隻母雞，才能滿足全國人民吃蛋的需求。

網頁的海量需求

如果把雞蛋換成網頁，同樣的問題就是，中國大陸一年需要生產多少張網頁，才能滿足大眾消費的需要？

中國手機的用戶已超過13億，智能手機用戶超過6億。就算其中只有一半人上網，那也是3億多人。這麼多人，每天都有幾十分鐘或者幾個小時要使用手機上網。全體大陸人一年消費的網頁和 App 的數量，是一個天文數字。

雞蛋是母雞生出來的，網頁從哪裡來？歸根結底，所有頁面都需要工程師做出來。那麼多互聯網公司，每家公司都需要前端工程師。而全國的前端工程師，目前可能總共有幾十萬人，對比那麼大的內容消費量，肯定是遠遠不夠的（想一想吧，全中國的母雞有23億隻）。這樣一想，工程師搶手就不奇怪了。

你可能會說，雞蛋只能消費一次，網頁可以被許多人消費，因此工程師的需求量遠遠小於母雞的需求量。理論

上確實如此，但是大陸的互聯網主要是商務驅動，營運活動特別多，修改的迭代也多，這導致網頁的生命週期非常短，少則幾天，多則幾周。工程師必須不停地製造網頁，才能滿足海量的需求。

前端工程師不夠，還有一個很重要的原因：學校不教前端開發，可能會有一些相關課程，但不會系統地教，所有前端工程師都是靠自學的。這也導致了供給偏少。

由於工作好找和工資較高，前端工程師現在成了一個熱門職業。很多不是唸資訊科學的人，也在考慮轉行加入。社會上的培訓班，每個週末的各種講座和大會，都已經人滿為患。

我經常收到以下這類電子郵件，諮詢我是否應該改行：

我是一名會計／教師／導遊，現在的工作沒有任何成就感，感到沒有發展空間。如果我拿出一年左右的時間去自學前端類的課程，將來能走上軟體工程師這條路嗎？

這要怎麼答覆？

編程工作實況

前端編程（程式設計）入門，確實不難，可以短期速成。只要你對電腦有基本的理解，哪怕編程零基礎，經過三四個月的培訓，也能做出網頁和 App。

如果你確實想改行，我覺得，這基本上是一件好事，你應該選擇那些更有前景的職業。但問題是，並非每個人都適合程式設計。現在那麼多人一窩蜂學習互聯網開發，肯定有人將來會後悔。

你最好事先知道下面三件事，再考慮加入這個行業。

首先，你應該熱愛編程。

職業軟體工程師每天都必須長時間地坐在電腦前面，與機器對話的時間，遠遠超過與人對話的時間。如果不是真心熱愛編程，這會很難忍受，簡直像一種懲罰。讓一個人在他不喜歡的事情上面，筋疲力盡地幹上幾年甚至幾十年，那是多麼痛苦的人生。

其次，編程本身雖然是一種智力活動，但是職業上的現實卻更像一種體力勞動。

特別在中國市場，由於營運活動太多，開發是做不完的，App 必須不斷地推出新版本。工作量常常是超負荷

的，任務排期一個接著一個，中間根本沒有喘息時間，同時做多個專案項目也是家常便飯。每個項目都有截止期，做不完只能加班。這樣說吧，製作網頁本身是有趣的，但是像流水線一樣的「製造」網頁是乏味的，好比養雞場的母雞得不停下蛋，每週必須完成5個蛋的指標。

最後，這個行業的新陳代謝很快。

快速的技術更新和極大的工作強度，使得年輕人具有天然的優勢。等到職業生涯後期，你的開發速度開始慢下來，就是你被更年輕的人取代的時候。一隻母雞一生中，大約總共可以生2000枚雞蛋，你的一生中可以製作的網頁（或者App），大概也是一個常數。

如果你不喜歡編程，體會不到代碼的樂趣和成就感，只是為了一份好的薪水，就跑來做軟體工程師，那就是很糟糕的選擇。想一想如果十年前，你聽說國際貿易很興旺，高考志願就填了國際貿易，今天會怎樣呢？

你應該選擇那些讓你產生最大興趣和熱情的職業。因為未來所有行業，低端的、低技能的職位都會被機器取代，只有技能最強、最有創造性的人不會被淘汰。

興趣，也只有興趣，才會讓你產生不倦的熱情並鑽研下去，變得更優秀。●

你的命運不是一頭騾子

我在杭州工作，週末通常去爬山。

2016 年 9 月，這裡即將舉辦盛大的 G20 峰會。全城都在忙碌地籌備，山路上也不例外。距離西湖最近的一圈山頭，都在安裝照明設備，準備在夜間亮燈。

那些燈柱都是鑄鐵做的，高度六七公尺，非常沉重。施工隊使用騾子，將燈柱從山腳運到峰頂。

我在山路上遇過好幾次馱運設備的騾子。它們背上兩邊各綁著一根極重的燈柱，默默地低著頭，蹣跚地踩在石階上。等爬到峰頂，卸下設備以後，又返回山腳，馱運下一批。每頭騾子的屁股後面，都跟著一個拿著木棍、看管它的施工人員，防止它走錯路。

有一次，我看見一頭騾子緩緩走著，突然停下來，低著頭毫無表情地一動不動，不知道是累了還是不想走了。監工見狀，立即拿棍子戳它，它茫然地抬起頭，又順從地繼續向前走了。

工人們忙著為G20杭州峰會附近的山頭上安置照明，他們用騾子運送燈柱。
（作者攝）

　　看到這一幕，我非常感慨。騾子並不知道為何要把如
此重的鐵管背到山頂，就是因為主人要求它這麼做，就任
勞任怨地幹了。哪怕有那麼一瞬間，它的內心有過一絲抗
拒或疑問，主人一施壓，它就不再追問了，回到正常的狀
態，默默地聽任擺佈。

懷疑命運的必要

我從這頭騾子身上，想到很多人不也是這樣，背負重壓，被推著前行，卻不知為何。他們埋頭勤奮工作，努力完成上級交付的每一個任務，別人讓你幹什麼就幹什麼，卻沒有思考過這一切到底為了什麼。

說起來，人與騾子真的有很多相似性。一方面，許多人背上的生活壓力，不會比那頭騾子小多少，尤其是底層民眾。另一方面，中國人的勤勞和忍耐能力，更是有過之而無不及。最重要的一點是，騾子只能接受現實，接受命運的安排，人又何嘗不是如此呢？

不過，騾子是確實沒有辦法，它不會思考，沒有能力抗拒命運的安排。人可以思考，也有行動能力。我感歎的是，那麼多人心甘情願地放棄這種只有人類才具有的天賦，「自願」像騾子那樣活著，還說「這就是命，能有什麼辦法呢」，或者「我也不知道啊，除了這個，我還能幹什麼。」

讀到這裡，你也許會說：「哪有你說的那麼嚴重，工作命運的擺佈、放棄思考能力。為了多賺一點錢努力工作，不是很合理嗎，跟騾子扯得上關係嗎？」

當然，在生存面前，一切都是合理的。騾子為了生存，必須俯首聽命。但是，21世紀的大陸青年，生存本身似乎已經不是問題了。在這樣一個產能和資本過剩的時代，除了賺錢以外，是不是應該對自己的人生做一些認真的思考，不要讓「賺錢」成為思想懶惰的藉口。退一步說，就算你像騾子那樣活著，真的賺到了很多錢，是否可以就此認定，當一頭騾子是正確的事情呢？

下一根鐵管任務

說實話，我不太確定。假如有一道填空題問：「如果因此可以獲得彩票頭獎，為什麼不去（　　）呢？」

如果我們在空白的括號內填入「當一頭騾子」，似乎邏輯上也說得過去。但從內心裡，或者說基於我的偏執，我還是認為這樣是不對的。

讓我舉一個實際的例子。我比較熟悉軟體工程師這個職業，也是個職業軟體工程師。在我看來，這種職業跟騾子有很多相似性，尤其在大公司裡。因為大公司有嚴格的分工，設計師出視覺稿，業務部門提出需求和業務邏輯，產品經理負責項目實施，工程師的職責就是嚴格按照設計

稿，將產品一模一樣地實現出來。本質上，這跟騾子背鐵管上山，並沒有區別。

《黑客與畫家》一書的作者葛拉罕曾對此做過一個非常好的概括：

……（你）只是一個負責實現領導意志的技術工人，職責就是根據規格說明書寫出代碼，其實與一個挖水溝的工人是一樣的，從這頭挖到那頭，僅此而已，從事的都是機械性的工作。

我不是說這樣的流程有什麼不對，而是說在這個流程裡，人只是充當一種工具。就像騾子只是鐵管上山的一種手段，你只是產出代碼的一種手段，本身並沒有「自由意志」體現在裡面。或者說，你身上體現的都是他人的（或資本的）意志，你無法表現出自我。評價騾子的標準是，鐵管背得比較多、比較快，評價軟體工程師的標準又何嘗不是如此呢，都是看是否忠實有效地實現那些外部意志。

我見過許多年輕的軟體工程師勤奮工作，從早到晚一刻不停地編碼，週末也來加班，努力完成公司的一個個目標，從來不問、甚至不想「這種需求對不對」、「這個功能

有沒有必要」，更不要說想一想「我的人生規劃是什麼」。大陸社會的現實也很殘酷，公司的哲學就是告訴你做什麼你就做什麼，不想做就離開。

我可以想像，等到九月G20盛會召開時，工程完成，山頭亮起燈光，與明月共同照映山腳下的西湖，平湖如鏡，遊人泛舟，夏夜涼風吹拂，何等的美景美事。

騾子參與了這一切的創造過程，但是有誰會記得它們呢？它們的宿命就是接著去下一個工程背鐵管。

更糟的是，當騾子老了、病了、殘了，背不動鋼管了，你覺得等待它的命運是什麼？

騾子只是施工隊的工具，跟鋤頭或者扁擔沒有本質區別。但你不是他人的工具，你活著不是為了被動地被他人使用，而是應該要有自己的價值。我覺得，人應該過一種有樂趣、有追求、自己做主的生活，而不能像騾子那樣被推著走。 ●

●●●●●●●●

從日本70歲退休談起……

2018年初，日本政府修改法律，宣布推遲公務員的退休年齡。

現在，日本的公務員是60至63歲退休。新的法律於2020年4月生效後，退休年齡先推遲到65歲，然後逐步推遲到70歲。

更厲害的是，日本政府同時宣布，養老金制度也要改革。未來只有到了70歲，才能領取養老金。

養老金缺口

如果我是一個剛剛離開學校的日本大學生，聽到這種消息，恐怕腿都要軟了。日本那種畢恭畢敬、論資排輩的社會裡面，上班簡直像受罪一樣。你必須每天小心翼翼地勤勉工作，日復一日地加班，所有前輩都下班了，你才能下班。這種生活要一直過到70歲，怎不令人害怕？

等到你走也走不動了，吃也吃不下了，才能領養老金，那麼養老金又有多大意義呢，能夠保障什麼品質的生活呢？畢竟70歲以前，都要靠自己啊。

日本政府推遲退休，實在是迫不得已，因為日本的人口老齡化太嚴重了。

日本是全世界人均壽命最高的國家之一，男性81.7歲，女性88.5歲。同時，日本也是全世界出生率最低的國家之一。結果就是人口不斷萎縮，國民的平均年齡愈來愈大。2015年，日本人的平均年齡已經到了46.5歲，是全世界平均年齡最大的國家，而且這個數字以後還會變大。據估計，四十年後，日本人口會減少三分之一。

日本對輸入外國勞動力和外國移民控制極嚴，也導致勞動力愈來愈少。日本政府發現，一方面，交稅的人口不斷減少；另一方面，領取養老金的人口不斷增多。於是別無選擇，只能讓老年人多上幾年班，晚幾年領養老金。

難怪日本很多年輕人，看不到前景，對未來不抱希望。日本有很高的自殺率，我想這絕不是偶然的。

幾乎所有發達國家都存在同樣的問題：養老金存在缺口，無法滿足愈來愈多的老年人口。日本只是問題最嚴重而已。

有些地區還不那麼發達，也出現養老金問題，比如臺灣。臺灣的生育率也是世界最低之一，所以養老金早就不夠用了，未來不得不改革，減少養老金發放規模。年輕人的薪水並不高，但臺北房價卻直逼香港、東京，現在養老金又要減少，年輕人的鬱悶和絕望可想而知。我曾看過一個臺灣網友給出了三條對策：

上策：要求改變制度設計，每一代人自己養自己，讓有錢的老人補貼沒錢的老人，不要拿下一代的錢發給上一代人。

中策：移民，徹底脫離這個制度。自己出不去，也要讓下一代出去。

下策：如果走不了，就不要生育，並且拼命地賺錢和存錢。同時，支持安樂死合法化，因為未來很可能，你的錢都用光了，人卻還沒死。

請設想這樣一種情景。未來很可能過了65歲，你的頭髮白了、眼睛花了、牙齒鬆了，還不得不朝九晚五地上班，為別人打工。就算你能健康活過70歲領到養老金，那些錢也很可能由於通貨膨脹，以及僧多粥少，而變得非常

微薄。

這種前景只要想一想，就會覺得不寒而慄。大多數人之所以工作，不是因為熱愛工作，而是因為這樣可以賺到錢，可以有保障，得到安穩的退休生活。但是這一切看上去很難實現了，如今你必須忍受著疲憊，工作更多年，到頭來發現，你的養老並沒有保障。

作為個人，要擺脫這種老無所依的命運，馬上能想到的解決辦法就是要多多賺錢。你不得不拚命工作，賺更多的錢。但是，這條路上已經擠滿了人，很可能你為雇主投入了100%的心力，年復一年，到老還是在為生存掙扎。另一方面，很多人上班其實並不開心，想想看，如果要一直苦悶地熬到60多歲，人生一定沒有什麼幸福感。

我有時會有另外一種想法：反正已經是這種處境了，為什麼不索性換一種活法呢？如果不喜歡這個工作，你是否還要繼續下去，熬到退休拿養老金？如果養老金是苦苦支撐到70歲才能拿到，那能不能就當它不存在，趁早去幹一些自己想幹的事情？至少也要找一些自己喜歡、做起來開心的工作吧。

甚至可不可以再進一步，與其等待別人決定，你應該在什麼時候退休。我也可以做一回命運的主人，哪天覺得

沒意思了，拍拍衣服說，從現在開始我退休了，過另外一種生活。以前還有養老金可以期待，現在這種期待即使存在，也肯定小多了。

提前退休並不意味著，從此你什麼也不幹了，而是讓你有機會，轉身嘗試另一種生活，在一個自己有熱情的領域創造出更大的價值。一旦你體驗過，按照自己的想法生活，自由安排時間，你就完全回不去了，再也無法忍受那種大公司小隔間的呆板壓抑的生活了。

你可能會說，我的這種想法是水中月，鏡中花，一廂情願而已。沒工作了就沒錢，沒錢怎麼活？確實，提前退休就沒收入了，但這註定我一定要為別人打工到退休嗎？

擺脫油盡燈枯的宿命

事實上，美國早有人研究過這個問題：一個普通的薪水族，怎麼樣才能在40歲退休？結論居然是，只要你不是那麼窮，有一定的積蓄，普通人也可以40歲退休。

這裡有一個計算公式，如果你的所有錢都投資在證券上面，只要你一年的支出小於投資組合原始金額的4%，那麼你就可以退休了。這被稱為「百分之四」規則（Four

Percent Rule）。

它的依據是1926年至1976年的美國證券投資回報率，有人發現即使這段時間熊市居多，如果你每年取出原始投資金額的4%，一直要到33年以後才會把錢取光。要是碰到大牛市，就可以撐更久。

如果這條規則正確，那麼可以推算，如果你每年的總支出為4萬人民幣，而你現在的證券投資有100萬，那麼你就可以退休了。如果每年支出40萬，那麼證券投資需要1000萬。這些錢能夠支撐30多年，在中國大陸，平均壽命現在也就是70多歲。事實上，有一項研究專門驗證這項規則，結果發現它（在美國）成立的概率是94%。

當然，我不是說，你真的得用這個規則，來安排自己的退休規劃。儘管隨著年齡變老，人的支出一般會愈來愈少，但是萬一有突發事件（比如生了大病），恐怕馬上就會耗盡存款。（不過，即使你沒有退休，突發事件也有可能耗盡你的存款，你的生活保障並不會因為有沒有正在上班，而有實質的不同。）

我舉這條規則的用意是，我想用它證明，只要管控好支出，提前退休在財務上是完全可行的。如果你很早就開始提前規劃，可能性就會大大增加，如果你對自己的消費

有嚴格的紀律，就完全有可能做到。

　　普通人的生存正在變得愈來愈難，養老金和退休這樣的字眼，正在離你愈來愈遠，全世界皆是如此。你必須為自己早做打算，而在我看來，如果規劃得當，你的人生至少可以不是那麼悲慘，要熬到70歲油乾燈盡才能退休。　●

45歲以後的人生

2017年初，網路上傳言華為公司正在清理34歲以上的員工：

中國區開始集中清理「34+」的交付員工，……去向是跟海外服務部門「交換」當年度新畢業的校園招募員工，也就是進新人，出舊人。

這些舊人要被輸出去海外，實際上就是變相裁員，這些30多歲的「老杆子」，英語又不好，拖家帶眷，能去海外安心奮鬥的沒幾個，即使出去了倖存的也不多。

華為公司否認該傳言。但是，不久以後又有傳言稱，在華為，45歲必須退休：

為保持公司年輕化，退休政策即將微調，從「45歲可以退休」改變為「45歲須退休」，想繼續工作的，需要人力資

源部重新審核。

一時間，網上議論紛紛：34歲清理一批，45歲強制離職，這是什麼樣的人事政策啊！

年輕人的IT業

我不討論這個消息的真假，因為我也不知道。我只指出一個事實：IT行業是一個年輕人的行業。

隨便哪一家 IT 公司，你去參觀，主要員工都是年輕人，40歲以上的很少見，高階主管往往也是20出頭的年輕人。長久以來，一直有人問：「40歲以上的軟體工程師都去哪裡了？」

老員工在這個行業是稀有動物，從35歲開始，數量急劇減少，年齡愈大愈稀有。網上的傳言只是從一個側面驗證了大家的這種感覺。

為什麼 IT 公司都是年輕人的天下？我認為主要原因有兩個。

首先，這種工作強度太大了。IT 公司的加班是家常便飯，業務愈忙、加班時間愈長。很多團隊都採用"996"工

作制：早上9點上班，晚上9點下班，每週六天。杭州有一家全世界最著名的電子商務公司，天天半夜12點，辦公樓燈火通明，門口等著接生意的出租車排成一長隊。有一項統計《2016年 IT 公司加班時間排行榜》，華為排在第一位，平均每個工作日加班3.96小時，第二位是騰訊，加班3.92小時。

人的生理和智能的最高峰是20歲至30歲這個年齡段。過了30歲，身體就慢慢走下坡路了，思維也不如以前活躍了。年輕的時候，長年累月的加班或許還可以承受，等進入中年，再這樣拚，你的身體吃得消嗎？加班好比折舊，加班愈凶，折舊愈快。我見過很多軟體工程師剛過30歲，但看上去好像40歲，長期缺乏運動，工作壓力大，使得他們的身體有著各種疾病，實際上已經不能承擔高強度的工作或者 deadline（截止期）的趕工壓力了。

另一方面，即使你可以咬緊牙關撐下去，家裡人答應嗎？父母和妻兒天天看不到你，他們能受得了？萬一父母住院，或者小孩在幼兒園被其他同學打了，你能不聞不問，繼續全部心思撲在工作上？

IT公司缺少老員工的第二個原因是，這個行業變化太快了，老員工沒優勢。

老員工的優勢是經驗和人脈，可是在IT行業，這兩樣東西都不是特別重要，新事物層出不窮，舊事物沒多久就無人問津。最近的行業熱點，共享單車、直播、VR、區塊鏈、O2O……都是新事物，史無前例，大家都沒經驗。誰佔領了市場，誰就成了標準。而且，新事物的目標受眾往往主要是青年，他們接受新事物的程度最快最高，用「90後」人群去設計產品、打開市場，可能比使用「70後」老員工有效得多。

這個行業裡面，起決定性作用的是新技術。技術進步的速度，比市場的變化還快，每年都有大量新技術出來。

你22歲大學畢業赴職，等到十年過去了，32歲時你大學裡面學到的東西都沒用了，你必須和新人一樣從頭開始學習新技術。你也許會說，怎麼可能都沒用呢，難道微積分、統計學、編程原理這些都沒用了嗎？問題是新人也學過這些啊，而且他們剛剛學，不像你已經忘得差不多了。

過了巔峰的老白兔

企業發現，新人可以全身心投入工作，連續加班，可

塑性高，又比較聽話，不像老員工，資格太老而變得油滑，一有不滿就公開抱怨，或者上班時間經常到吸煙區吞雲吐霧。

更糟糕的是，老員工的工資比新員工高得多。如果老員工沒有能力優勢，反而拿著比新人高幾倍的工資，對企業來說，應該怎麼做，就不言自明了。

中國大陸的IT企業裡面，第一線員工幹到34歲時，大概已經拚搏了10年以上，再拚命有點力不從心了。對企業來說，該員工最能創造價值的巔峰也已經過去了。等他到了45歲，如果還沒有當上高階主管，很可能已經創造不了價值了，再留著他反而可能有負作用，讓企業變成鬆鬆垮垮的養老院。

這就是為什麼大家覺得本文開頭的那些傳言可信，因為那符合邏輯。

如果員工都是奮鬥者，你說誰更容易有奮鬥精神，25歲還是45歲？

好在IT行業的工資現在還是不錯的，即使45歲退休了，生活水準也不會一時下降太多。如果能夠拿到公司的股票，而公司又非常成功，那麼可能不用等到45歲，你自己早早就走了，享受生活不再為人打工了。

馬雲在他創立的「湖畔大學」給企業家上課，第一課就說：「小公司的成敗在於你聘請什麼樣的人，大公司的成敗在於你開除什麼樣的人。大公司裡有很多老白兔，不幹活，並且慢慢會傳染更多的人。」可見最成功的企業家早就認可這種做法。

兩次人生大選擇

我估計，「34歲之前晉升到中級主管，45歲之前晉升到高階主管，否則強制退休」會成為IT行業的慣例。隨著其他行業也正在日益變成「互聯網+」，這種做法還有向其他行業擴展的可能。

這就出現了一個很嚴峻的問題。如果你沒有在期限之前晉升到中級或高管，那麼到45歲就沒工作了，你該怎麼辦？45歲還是一個很有活力的年齡，就這樣退休，對社會是人力資源浪費，對個人也很殘酷。可是，那時你找得到工作嗎？或者即使找到工作，你還能拿到原來職位的那種報酬嗎？

現實是非常殘酷的。一個名叫「藍血研究」的微信公眾號裡，貼出過一篇據說是某位華為內部員工的文章。首

先，作者表示理解公司的做法。

　　年齡大、股票多的員工消耗了華為大量的成本，公司要清理這樣的員工為年輕一代釋放出更大的空間，這是極其合理的事情。而且大部分的老員工基本已經財務自由，就算沒有完全自由，保留的股票也基本可以衣食無憂。

　　但是，現實情況卻是「強制退休或者不續約的，都不是年齡大和股票多的高成本員工，反而是在華為兢兢業業十來年，考評普通職級一般，收入和股票都偏低的那一群人」。
　　作者認為很多高階的管理者更應該被裁掉。

　　高管真的是那麼不可或缺嗎？我真不覺得是這樣，很多情況下恰恰相反。當前很多高管其實離業務很遠，讓他們去做一件基層員工的事情，他們反而是做不了的，自己也沒有做什麼高大上的戰略性的事情，每天就是開會開會開會，分配任務。大部分都貌似很忙，每天都開會到很晚，但是真的對業務有多大幫助呢？大家心裡都有一桿秤！一邊是我們的基層大齡紮實貢獻的員工被裁被退休，一邊是管理者的職位

職級「嗖地」往上漲，公平何在？公理何在？

　　一個「19級」的管理者的年收入大概是他所管理的「15級」員工的五倍，但是19級的貢獻度真的是15級的五倍嗎？以現在的體制，把15級的人扔到19級的職位上，該部門會出大亂子嗎？業務就會因此出現毀滅性打擊嗎？還是說15級經過幾個月適應，竟然也能幹19級的職位。到底是誰的報酬過多？到底是誰應該被退休？

　　我覺得，每個人都應該想一想，你的雇主如果沒有你，是不是就會有重大損失？一個新人或更基層的員工接手你的職位，他能不能上手，而他要求的報酬又會是多少？

　　技術的進步讓人類活得更長、更健康，但也讓我們變得不那麼有用了。將來也許每個人都要選擇兩次自己的人生：一次是大學畢業找工作時，另一次是45歲沒有工作時。●

你的B計劃在哪裡？

有一年春節同學聚會，大家聊起近況。

甲君在實體經濟部門工作，企業效益不好，正醞釀「減員增效」，他憂心忡忡，跳槽都不知道怎麼跳，因為整個行業都不景氣。

乙君從事互聯網工作，行業發展熱火朝天，新事物層出不窮，但是他已人到中年，技術老化，跟不上行業新陳代謝的速度，公司又實行「末位淘汰制」，他自覺難以與年輕求職者競爭。

談到未來，他們都很有壓力，感到不樂觀，甚至苦悶。一個最現實的問題是，<u>如果現在的工作幹不下去了，未來怎麼辦</u>？

你的人生風險備案

我正好思考過這個問題，就問他們，是否聽過「B計

劃」這個詞？

軍事行動至少要準備兩套計劃：A計劃在正常情況下執行，B計劃是應急計劃，在A計劃落空時執行。這就好比電話打到一半，突然手機沒電了，要是你隨身攜帶第二組電池，就能應急。B計劃就是那備用的電池。

對於人生來說，你現在的職業就是A計劃，應該努力追求職業成功。但是，也要做好兩手準備，萬一A計劃失敗，還需要一個B計劃，對自己的退路有所安排。

甲和乙兩人都表示同意，還各自舉了一個他們眼中別人的B計劃例子。甲有個朋友計劃移民，一邊正常上班，一邊下班後申請技術移民。他甚至想到了，去了那邊以後，萬一找不到工作，就去當廚師，為此週末還報名烹飪學校，要考出廚師證。乙的一位同事計劃退居山林，打算等到公司股票上市後，開一家茶道館修身養性，為此專門去杭州附近的山裡看房子，為未來的茶館選址。

我說，這些不算B計劃，它們只是成功後的退隱計劃。不是現在的工作做不下去，而是自己選擇更好的出路。真正的B計劃是用來救命的，是一旦現在的生活崩潰，你用來逃生的計劃。B計劃有點像飯店的消防通道。飯店每個房間都有《消防通道示意圖》，就貼在醒目之處，

唯恐你看不見。你平時坐電梯，不會去用它，只有在緊急時才走這條路。

B計劃就是你的消防通道，萬一人生發生火災，你知道該往哪裡走，避免亂跑亂撞，被大火困住。

本質上，<u>B計劃是人生的一種風險控制</u>。你也許見過各種商業計劃書，其中必不可少的幾個章節是《備用方案》、《應急預案》、《風險控制》……如果你嘗試給自己寫一份人生計劃書，這些章節的內容就是B計劃。你可能永遠不會用到這些章節，但是它們的存在，會讓你的人生少一些風險，生活得更加安心。

轉型：需要一點決心和勇氣

千萬不要把B計劃想得很浪漫，現實往往不是如此，B計劃其實非常艱苦。《紐約時報》曾經報導過幾個紐約白領的B計劃。

「羅娜」曾是曼哈頓的一個律師，2009年金融風暴時被事務所辭退，後來開了一家烘培店。她現在一周工作六天，每天5點半就要起床，開始烘麵包。以前她處理文件，現在

處理的是20磅一包的麵粉。晚上關門以後，她還要抽出時間記帳。得了感冒，她也不敢休息，因為承擔不起小店關門的損失。

「瑪麗」也曾經是律師，每週工作60小時，年薪25萬美元。她辭職後，開了一家婚慶公司。為了拿到第一筆生意，她只開價2000美元，但是足足準備了五個月。折算下來，每小時的報酬不足2美元，而她當律師的收費是每小時450美元。

就是因為B計劃實施起來非常艱苦，所以你最好去做那些你喜歡的事。

制定B計劃的時候，你可以問問自己，如果人生重新開始，你會選擇怎樣的工作？把這個當作B計劃的起點。

很多人也許會從實際出發，想著如果失去現在的工作，就先在家裡休息幾天，然後設法在另一家公司裡面找到一份類似的工作，再在新的職位上重整旗鼓。這不算B計劃，而只是A計劃的延伸。你最好把B計劃當成逃離A計劃的一個機會，藉此追求一種夢想中期望的工作。只有這樣，你才有最大的動力，忍受B計劃的艱苦。

　　一旦有了B計劃，我建議，最好立刻動手做一些準備。不一定為了真的實施，但至少讓它從一個很模糊的設想，變得稍微具體一點。千萬不要只是想想而已，人生缺少的就是行動，只有邁出第一步，才有後面的旅程。

　　最後，如果真的到了下決心的那一天，你可能還需要一點勇氣。B計劃並不容易，但是提心吊膽地維持一份毫無樂趣、前景灰暗的工作，也是不容易的。這就是為什麼，B計劃要選擇那些能鼓舞自己、喚起熱情的工作的一個原因，這樣比較容易產生勇氣。

　　正常情況下，B計劃可能不會立即帶來經濟上的成功，但是你可以從中獲得自由、自我認同和成就感，以及從此不用忍受大公司晉升階梯上面擠破頭的壓力和窒息。

　　即使初期沒有成功，你也可以借此獲得轉型的其他機會。最理想的情況是，你通過B計劃，實現了自己真正想要的生活。美國的「家政女王」瑪莎‧史都華（Martha-Stewart），正是因為在食品店當經理被解雇了，才不得不自己開店的。●

策略篇

有些人出生的時候，
是帶著大鏟子來到這個世界的。
因為鏟子大，他挖一下，等於別人挖十下，
那麼也許他可以多挖幾個地方而找到金子。

更多的人只有一把小鏟子，
其他的都要靠自己。

為什麼創業熱崛起？

改變謀生方式

　　世界已經變了，舊的路走不通了。與其苦苦地在舊模式之中尋找一線生機，不如就此轉頭，走自己的路。

　　如果你不喜歡自己現在的狀況，又看不到希望，創業是一條可以考慮的路。「創業」這個詞太正式了，「自我雇用」更準確，就是你為自己工作。在餐廳當服務員，是為老闆工作，你自己開一家餐廳，就是為自己工作。創業不一定與資本、技術這些東西聯繫在一起，只要為自己工作，靠利潤而不是靠工資生存，就是創業。比如，租下街面房開奶茶店、承包農村土地種果樹、網上發布廣告幫別人鋪地板換水管，這些都是創業。

　　為什麼可以考慮創業？倒不是因為如果成功可以賺到大筆金錢，而是在我看來，一個底層的青年想要通過自己的努力，改變命運的可能性微乎其微。反正怎麼走都是一

樣的結局，不如心一橫，去走那條自己想走的路，去做自己想做的事情，享受沿途的風景，掌握人生的主動性，不再聽命於雇主的差遣。他只是把你當工具用，不會在乎你的命運，如果你沒有使用價值了，或者他可以更便宜地雇到其他人，他就會拋棄你。我的想法是，底層的人沒有出路，或者說所有的路都是九死一生，那麼也無所謂了，選擇一條讓自己盡興的路，至少不會被人像垃圾一樣扔掉。

美國風險投資家葛拉罕一直鼓吹創業，他的觀點對我影響很大：

創業是艱難的，但是一份朝九晚五的工作也是艱難的，在某種意義上，甚至比創業還艱難。你自己開公司，會因為很多事情擔驚受怕，但是你不會感到虛度生命，而在一家大公司裡打工，常常會有這種感覺。而且，創業可能會使得你賺來多得多的錢。

眼下，我們覺得有一份工作是正常的生活模式，但是這是最不可靠的歷史假像。現在所謂的工業化國家裡，僅僅兩三代人之前，大多數人都是靠務農為生。如果將來許許多多人改變謀生的方式，這也許會令人感到驚訝，但是如果沒有發生這種改變，會令人感到更驚訝。

　　選擇創業還有一個好理由，那就是現在的成本比以前低得多，更現實可行了。葛拉罕甚至說，創業唯一需要的東西就是勇氣。

　　以前創業很昂貴，你不得不找到投資人才能創業。而現在，唯一的門檻就是勇氣。

　　甚至就連這個門檻也正在變得更低，因為人們不斷看到周圍其他人創業成功。在上一批我們資助的初創企業中，有幾個創始人說，他們以前就想創業，但是下不了決心，不敢放棄現在的工作。只有當他們看到朋友們創業成功，他們才下決心親自創業。

一隻開著小公司的蟑螂，可能也比為別人打工更安全

　　那麼，什麼時候創業呢？現在不是經濟的高峰期，你也許會想，等到景氣好一點的時候再動手。葛拉罕說這種想法是不對的，因為舊事物衰敗的時候，就是新事物崛起的良機。對於那些註定要發生的變革，宏觀經濟不景氣正是最好的機會：

　　經濟衰退的時期，投資者和顧客都感到手頭拮据。但是，顧客感到手頭拮据，其實不是問題，反而你可以從中獲利，因為顧客需要更便宜的商品。一般來說，創業公司的產品，總是比原有產品更便宜。所以從這個角度看，經濟危機中，小的創業公司比大公司更容易成功。

　　經濟不景氣時期創業，也有一些優點：

　　（1）只有那些真心想創建公司的人，而不是只想儘快致富的人，才會選擇這個時刻創業。所以，你會相對少一些競爭對手。很多人對你說他們希望創業，其實他們真正想的只是一夜暴富，這樣的人發現融資困難，就不會來創業。

　　（2）你需要的資金也少了。以前能用一年的資金，現在能用上18個月到兩年。

　　（3）經濟不景氣其實是個好時機，因為任何東西都便宜了，包括你想雇用的人才。公司運營成本愈低，死亡的可能性就愈小。

　　回顧歷史，微軟公司和蘋果公司都是在上個世紀70年代中期成立的，那可是美國經濟最不好的時期，時值越

南戰爭導致了通貨膨脹。葛拉罕說：「總體經濟的變化對創業能否成功影響不大。創業公司能否成功取決於創業者的素質。總體經濟肯定有一些影響，但是起決定作用的是創業者。」

真正重要的是你這個人，而不是你何時動手。如果你本人的素質夠傑出，在經濟危機中你也能成功。如果你本人的素質不行，即使經濟一片繁榮，也救不了你。有些人的想法是，「總體經濟狀況不好，我最好避免在這個時候創業」。這種想法的誤導性不亞於在經濟泡沫時期某些人的想法，「我只要趕上這個時候創業，就能發財」。

就算發生真正的經濟寒冬，做一隻開著小公司的蟑螂，可能也比為別人打工更安全。你的客戶可能因為付不出錢而放棄你，但是你不會一下子失去全部的客戶。但是如果你為別人打工，就可能被「一次性裁員」。

如果你很確定，你現在就想做一件事，那麼就不要等。對於那些確切知道自己想做什麼的人來說，行動的時間永遠是現在。

就算失敗了，也不要太放在心上

如果你是技術人員，創業的風險就更小了。因為如果創業失敗，你不會找不到工作，好的工程師總是能找到工作的。你也許對新工作感到不滿意，但至少不會沒收入。

如果你不懂技術，比如你是銷售或市場人員，創業確實有風險，一旦失敗，可能會找不到工作，你必須依靠自己的積蓄支撐一段時間。但是，就像我前面所說的，如果你為別人打工被解雇，也是同樣的狀況。你找不到工作，並不是因為創業失敗，而是因為市場不需要你提供的服務。這時你要做的，並不是拼命去找下一份工作，而是應該冷靜下來反思，提供什麼樣的服務才是市場需要的。

就算你創業失敗了，也不要太放在心上。

有一位創業家史密斯（Adam Smith）說過這樣一句話：「你個人的專案項目，應該有四分之一會失敗，否則就說明你的冒險精神不夠。」失敗完全可以理解成積極進取的結果，只有生命力充沛的人，才可能會有一次又一次的失敗。一味地恐懼失敗，只會讓自己畏首畏尾，喪失進取心。

另一位創業家與風險投資人迪克森（Chris Dixon）也

說過，自己的人生曾經非常失敗：

八年前，找工作時，我四處碰壁。

投了幾百份簡歷，一無所獲。大公司不給我面試機會，風投公司說他們只要有經驗的人，而創業公司那時正在大批裁員。

總體經濟糟透了，我自己的領域（互聯網零售）一落千丈，我的簡歷又缺乏亮點，於是就一次又一次地被拒絕。

但是，迪克森後來感覺，這一段經歷對自己職業生涯的幫助最大。為什麼呢？

因為這些挫折讓我的臉皮變厚了。我開始意識到，雇主只是拒絕我的簡歷，而不是拒絕我這個人。既然不是對個人的否定，我又害怕失去什麼呢？所以，我就更加大膽（或者說更加厚臉皮）地去找工作了。最後，終於有一家公司願意雇用我（感謝他們不看重我的簡歷），此後的一切都很順利，我走上了事業起飛的大道。

他得出了結論：

　　遭受挫折，並不是壞事。因為，人生的最終結果是一個極大值函數（由所有嘗試中最成功的一次決定），而不是一個平均值函數。即使現在，我每天在生活中還是會遭到拒絕。朋友想安慰我，但是我卻要告訴他：之所以會這樣，只是因為我在不停嘗試。如果你不是每天被人拒絕，那就說明你的人生目標不夠遠大。

　　丘吉爾曾經說過：「所謂成功，就是不停地經歷失敗，並且始終保持熱情。」一次又一次地被拒絕，是你的勇氣和進取心的最好證明。它們決定了你可以走多遠，把你和那些決心放棄的人拉開差距。

　　所以，不要害怕被拒絕，這其實是對你的肯定和褒揚。●

如何確定創業方向？

在決定創業以後，你面臨的第一個問題就是，選擇什麼產品／服務創業？

動身之前，你必須確定前進的方向。創業不是旅行，你不能先把背包收拾好，然後再考慮去哪裡。這就是為什麼在融資之前，創業者都要先寫一份《項目計劃書》的原因。

通常來說，你應該選擇自己最有優勢的方面創業，這樣才能生產出比別人更好或價格更低的產品／服務。這裡的竅門是，你不要站在自己的角度思考問題，而是要站在客戶的角度。如果你自己就是客戶，什麼樣的東西最能打動你，讓你願意採購。

六個創業原則

麥可・莫里茨（Michael Moritz）是著名的美國風險投

資家，也是傳奇的風投公司 Sequoia Capital（紅杉資本）合夥人。他投資雅虎400萬美元，取得約40億美元回報，投資 Google 1250萬美元，獲利約50億美元。目前，他的個人財產據估計超過10億美元。他有幾條創業建議，我覺得很有啟發，可以當作我們的原則：

第一，創業的核心問題是你能為你的客戶做什麼。你的產品能為客戶提供什麼？這是最重要的問題。只要有人需要你的產品，你就能活下去；愈多的人需要，創業就愈可能成功。

第二，你要創造一些不一樣的東西。如果你跟別人生產一模一樣的產品，就很難吸引顧客，你只能訴諸於低價。真正成功的創業者，都是創造了不一樣的東西，蘋果公司的口號就是 Think Different（與眾不同）。

第三，不要好高騖遠。第一件事就是確保今天能生存下來，然後生存一個月，接下來一個季度，然後全年，然後擔心來年的事情。

第四，你要注重細節，這是所有成功者的特質。許多成功的創業者，都對各自行業的技術和生意具有巨大的興趣和深刻的理解，他們往往都是沉浸在這個領域的細節之中的人。對於那些只想「撈一把」的人，細節看起來太瑣

碎了，很難令他們產生興趣，或者感到興奮。

第五，如果你的公司不能產生利潤，就不要去借錢。過去，太多的企業採用投資驅動的模式，借錢運作，賺取差價，比如那些槓桿收購。它們只有盡可能多地借錢，才能賺到更多的錢。這種方式最終必然會崩潰。

第六，你要保持熱情。創業將是一次困難的歷險，所以最好是你自己真的想去做它，但也不要頭腦發熱，衝動行事。

創業方向的輪廓

簡單說，選擇或開發創業產品時，記得問自己三個問題。

1. 它有用嗎？（Is it useful?）

2. 它易用嗎？（Is it easy to use?）

3. 它用起來令人愉悅嗎？（Is it delightful to use?）

如果這三個問題的回答都是肯定的，那麼你就走在正確的方向了。

　　大陸的「拉卡拉控股」和「藍色光標」企業的創始人孫陶然，也說過類似的觀點。他開發一個產品的時候，總是問自己五個問題。

　　1. 給誰用？

　　2. 他們用這個產品來解決什麼問題？

　　3. 這個問題對他們而言有多重要？

　　4. 我們的方法是否足夠簡單方便？

　　5. 他們要付出的代價與所得是否匹配？

　　具體來說，就是使用「倒推法」，從最終消費者開始一步步倒推到生產階段：

　　第一步：誰來購買你的產品？為什麼購買？市場有多大？

　　第二步：客戶願意付多少錢購買你的產品？競爭對手是什麼價格？

　　第三步：客戶在什麼地方能買到你的產品？

　　第四步：為了讓客戶買到你的產品，你要付出多少銷售成本？

第五步：你要生產出這些產品，能夠負擔的最高生產成本是多少？

通過這一系列的步驟，你就可以整理出創業的大概輪廓，其中包括這樣幾個要點：產品定位（最終消費者如何看待該產品）、原料（你的上游廠商是誰）、生產過程（產品如何生產出來）、定價（你賣給批發商、零售商、消費者的價格分別是多少）、經銷通路（你怎樣向最終消費者出售你的產品？存在哪些中間商？你如何向他們付款？）、行銷（你如何讓消費者瞭解你的產品）、市場的進入壁壘（你的競爭對手會不會輕易地複製你的經營模式）、規模的擴大（如何擴大業務）等等。

創業最困難的事

確定創業方向的時候，有一些常見的錯誤，是你需要避免的：

（1）不要因為某種企業容易開辦，就去開辦這種企業。容易複製的經營模式往往不是成功的經營模式。

（2）不要因為某種企業很有趣，就去開辦這種企業。

有趣並不代表它會成功，而經營一個失敗的企業，肯定是非常無趣的。事實是，經營很乏味的企業，反而容易生存下去。

（3）你要搞清楚自己到底屬於自由職業者，還是屬於企業家。自由職業者喜歡創業的自由，而不願意承擔太大的風險，更不願意自己的生活被企業管理的瑣事拖累。企業家的目標是創造一項賺錢的事業（business），他願意承擔更大的風險，願意把自己全身心地投入企業管理之中，哪怕每週工作60個小時也無所謂。

（4）不要以為自己可以發明一種全新的經營模式。實際上，世界上賺錢的方式就那麼幾種，想要發明一種全新的賺錢方法是很難的，你更應該做的就是充分利用他人已經被證明有效的經營模式。因為既然這種模式已經被證明可能成功，所以你不至於走入一個完全錯誤的方向，而且你還可以從他人的失敗中吸取教訓。

除此之外，當確定創業方向以後，你就要真正動手了，這才是最困難的部分：把夢想變成現實。

臉書（Facebook）的辦公室就貼著下面的標語，作為行動準則，激勵員工。它們都可以當作創業的行為準則：

比完美更重要的是完成。（*Done is better than perfect.*）

快速行動，破除陳規。（*Move fast and break things.*）

保持專注，持續發佈。（*Stay focused and keep shipping.*）●

不要在功能上競爭

　　蘋果公司的電子產品，最大的特點就是它的易用性（usability）——簡單，美觀，容易上手。它們通常不是功能最強大的，但往往是最好用的。

　　很多產品經理都想模仿這些特點。但是，一個難題就會隨之而來：

　　很難讓一件產品保持簡單易用，同時還具備大量的新功能。

　　如果你不斷為產品添加新功能，它在變得強大的同時，還會變得愈來愈複雜，增加了用戶的使用難度；如果你大力簡化產品，使它在功能上比較單一，那麼怎樣與競爭對手抗衡呢？

　　每個產品經理都會面對這個難題。對於新產品，這個問題尤其重要。因為新產品通常很難打開市場，最容易想

到的解決辦法就是為它不斷增加功能，直到引起市場注意為止。但是，這樣做是否正確呢？

我對這個問題一直很困惑，不知道開發新產品的時候哪一個取向優先，多功能還是易用性？

你要做的不是添加功能

有一天，我讀到了一位矽谷產品經理（Andrew Chen）的文章，頓時醍醐灌頂，一下子就找到了答案。

他說，正確的做法，就是不要在功能上競爭。如果你的產品的核心概念行不通，那就重新定位這個產品，而不是為它添加新功能。你必須牢記在心，創造一個有競爭力的新產品，不要著眼於它的功能比別人多，而要著眼於它有一個截然不同的市場定位。

如果市場上都是複雜的企業級工具，那就開發一個針對個人用戶的簡化版；如果市場上都是很正式的高端葡萄酒，那就開發一種便宜的、針對年輕人的、更休閒的酒精飲料；如果市場上都是提供長篇Blog服務的網站，那就開發一個很簡單的、每次只能寫140個字的網站；如果市場上都是技術性的、廉價的電子設備，那就開發人性化的、

高價的電子設備。

總之，你要做的不是添加功能，而是做一個市場定位不同的產品。

這主要有兩個原因。

首先，你不太可能通過一個更多功能的新產品，戰勝現有廠商。因為你開發出全面勝過別人的產品，需要很多時間；而且，等你開發出新功能，別人可能又做出了改進，或者複製了你的新功能。

其次，比起新功能，消費者更容易為一個特殊定位的產品掏錢。

所以，更好的策略是，開發一個簡化的產品，突出某種不同的市場定位，爭奪現有廠商的低端用戶。這樣的話，你不用開發一個全功能的產品，節省了時間，而且由於設計目標不同，更容易做出顛覆式創新（disruptive innovation）。

新功能不是答案

下面是開發新產品時幾點可行的做法：

1. 你不是做一個比競爭對手「更好」的產品，而是做一個「不同」的產品。

2. 你只提供部分功能，但是很好地滿足了用戶的需求。

3. 如果新產品的市場反應不好，增加新功能並不能解決問題。你應該重新定位你的產品，想想它能向消費者提供哪些不同的價值。

4. 在產品設計和推廣的每一個環節，都突出它的不同定位。 ●

大坑和小鏟子

你的目標是要找到地下的金子，但是你不知道它埋在哪裡，也不知道埋得有多深。你只知道，運氣好的話，可能會偶然走在路上，就在草叢裡撿到金子；運氣不好的話，在地底挖一輩子，依然兩手空空。

你唯一的工具就是一把小鏟子。可能因為沒有資金，或者沒有人脈，總之，你只搞到了一把小鏟子。悲慘的人生，不是嗎？

你一個人，加上一把鏟子，開始了尋找黃金之旅。長途漫漫。

單一或多元的難題

現在，你有兩種選擇。

選擇一：留在一個地點，挖一個大坑，但是不知道何年

何月才能挖到地下的金子。

選擇二：每個地點挖5米，如果找不到金子，就換個地方再挖。結果你挖了幾百個小坑，而不是一個大坑。

請問你會如何選擇？

換一種方式思考。你在推銷一種產品。你給一個客戶打10個電話，他可能就會買，也有可能還是不買。換成給10個客戶每人打一個電話，你可能會得到10次拒絕，也可能某人一個電話就被說動了。

你會如何做？

推而廣之，如果你在經營一項事業，你就有兩種策略。

策略一：單一化策略。認準一個方向，不斷地挖坑，通過長期重複性的付出，創造價值，贏得他人的信任，把產品銷售出去。

策略二：多元化策略。你四處出擊，到處挖坑，將有限的資源分散使用。這時，你最好期望你的眼光很準，能找對地方，一旦將產品投入市場，就立刻能打開銷路。因為你的鏟子很小，如果金子埋得很深，你就不會有第二次機會。

只有「大坑」留得下來

有些人出生的時候，是帶著大鏟子來到這個世界的。因為鏟子大，他挖一下，等於別人挖十下，那麼也許他可以多挖幾個地方。

更多的人只有一把小鏟子，其他的都要靠自己。這種時候，你最好不要採用第二種策略，因為埋得淺的金子都被大鏟子或者幸運兒挖走了，不會留給你的。事實上，你唯一的機會就是在一個方向不停地挖。當然這樣做會比較辛苦，而且挖一輩子也不一定能找到金子。但是不管怎樣，如果你沒有中彩票頭獎的運氣，這是唯一可能奏效的方法。

你必須認識到，<u>不是你一個人在找金子，是所有人都在找金子</u>。那些容易找到的金子，幾乎可以肯定，一定已經被別人撿走了。那些有高級設備的人，把埋得淺的金子，也挖得差不多了。這就是說，第二種策略實際上是無效的，就算你挖一千個小坑，也找不到金子。

你唯一的策略，就是認定一個方向，堅持不懈往下挖，直到挖成。你很可能還是不會找到金子，但是在往下挖的過程中，你可能會找到其他有用的礦物。而且，由於

長期地在這個領域奮鬥，你會對周圍一切極其熟悉，變成這個領域的專家。附近的人遇到各種問題，也會來找你徵求意見。

另一方面，風沙來臨的時候，那些小坑都會被掩埋，只有你的大坑會留下來，成為地面上難以磨滅的印記。或者，隨著時間流逝，那些小坑都會慢慢荒蕪，野草覆蓋，人們再也無從發現它們，只有你的大坑還能被後代的人們辨識出來。舉例來說，古羅馬都是石頭建築，建造起來非常困難和昂貴，可能一年只能造一幢，但是兩千年過去了，很多建築都留到了今天；古代中國都是木建築或磚瓦建築，建造起來比較容易和廉價，可能一年可以造幾十幢，但是根本留存不下來，完整的唐朝和唐以前的建築，現在完全找不到，就連許多清朝的房子，現在都腐爛得不像樣子。

最後，如果你想人生中留下一些東西，那麼就挖一個大坑，人們會記得你。這就是你留下的痕跡。　●

富爸爸，窮爸爸

《富爸爸，窮爸爸》是過去10年中最值得看的出版物之一。讀完它，你會更理解資本主義社會的運作模式，反思自己的人生，從而走好未來的路。

這本書的一個核心觀點就是：雇傭制度，這種資本主義的核心制度，對勞工是非常不利的，根本沒有前途。

如果有一天，你在高速公路上開車，陷於交通阻塞，掙扎著要去上班。你向右邊看時，發現你的會計師同樣陷在交通阻塞中；向左邊看，又看見了你的銀行經理，這時你會怎麼想呢？他們自身難保，又怎能幫你？富人愈來愈富，窮人愈來愈窮，中產階段總是在債務泥沼中掙扎。

現在世界上根本沒有什麼穩定的工作了。相信你也知道大學畢業生在今天已經比十幾前年賺的錢少多了。再看看醫生，他們今天賺的也已經遠不如從前了。不能再寄希望於社會保障或公司的退休金了，要尋求新的出路。

你的事業圍繞著的是你的資產

你不能為了「某個職業安全或有利可圖便去選擇它」，那樣的話，你就掉入了泥沼裡：

大多數人期望得到一份穩定的工作。為了尋求穩定，他們會去學習某種專業，或做生意，拚命為錢而工作，大多數人成了錢的奴隸，然後把怒氣對準他們的老闆。……他們相信錢是真實的財富，而且他們為之效力的公司、政府會安排他們的一切。結果公司裁員，政府濫發貨幣導致通貨膨脹。許多人發現，他們一旦停止工作，就變得一無所有。

窮爸爸這樣教育兒子：

我受過高等教育的爸爸總是鼓勵我去一家大公司找個好工作。他的價值觀是：「順著公司的梯子，一步步往上爬。」他不知道，僅僅依賴雇主的工資，就永遠只能是一頭乖乖待擠的奶牛。

富爸爸這樣教育兒子：

　　9歲時，你已經有了為錢而打工的體驗。只需把這種體驗重複50年，你就知道大多數人是如何度過一生的了。我有150多個雇員。他們只是要求工作，並獲得報酬。他們把一生中最好的年華用來為錢而工作，卻不願去弄明白工作到底是為了什麼。他們為一點點錢而勤奮工作，兼有一種有工作的虛幻安全感，盼著一年三周的假期和工作45年後獲得的一小筆養老金。世界上到處都是有才華的窮人。

　　大多數人辛苦工作，到頭來發現都是為別人打工，自己留不下什麼。「首先是為公司老闆工作，其次是為政府工作，最後是為償還貸款而給銀行工作。」

　　未來社會的形勢更嚴峻，窮人和富人之間的鴻溝會愈來愈大：

　　一個醫生，想多賺些錢來更好地養活家人，就提高了收費，這就使每個人的醫療支出增加，這一切最無情地損害了窮人的利益，所以窮人的醫療狀況比富人差。由於醫生提高收費，則律師也提高收費；由於律師提高收費，學校老師也想增加收入，這就迫使政府提高稅收。這樣一環套一環，不久，在富人和窮人之間就有了一條可怕的鴻溝。

　　擺脫這種命運的方法，就是要有自己的事業。更重要的是，「你的事業圍繞著的是你的資產，而不是你的收入。」也就是說，你關注的不是如何賺到收入，而是如何能有自己的資產。

　　真正的資產可以分為下列幾類：

　　一、不需我到場就可以正常運作的業務。我擁有它們，但由別人經營和管理。如果我必須在那兒工作，那它就不是我的事業而是我的職業了。

　　二、股票。

　　三、債券。

　　四、共同基金。五、產生收入的房地產。

　　六、票據（借據）。

　　七、專利權如音樂、手稿、專利。

　　八、任何其他有價值、可產生收入或可能增值並且有很好的流通市場的東西。　●

了不起的「Dan 計劃」：
重新定義人生的 1 萬小時

1985年，芝加哥大學的布隆（Benjamin Bloom）教授，出版了一本重要著作《如何培養天才》（Developing Talent in Young People）。他研究的是，如何在青少年中發現未來的天才。

他調查了120個各行各業的精英人物，包括音樂家、科學家、藝術家、工程師，卻得到了一個有點令人尷尬的結論：天才無法在青少年時期發現。你找不到任何一個普遍適用的指標，暗示這個孩子將來會成才。智商IQ測試與將來的成就，根本就沒有相關性。

但是，有一個變量除外。它與個人成就的大小，呈現強烈的正相關關係。布隆教授發現，所有被調查的精英人物，無一不是投入大量時間，刻苦練習。成就愈大的人，似乎愈勤奮，鑽研業務的時間也愈長。

他最後的觀點就是：天才不是天生的，而是後天訓練出來的。

有目的的長期訓練

這個觀點引起了很大迴響，很多學者跟進，從事後續研究。如果愛因斯坦不是天生的，那麼我們能夠訓練出更多的愛因斯坦嗎？

1993年，邁阿密大學的艾瑞生（Anders Ericsson）教授，來到柏林音樂學院（Berlin Academy of Music），將那裡的學生分成三組：普通的學生、優秀的學生、卓越的學生。他想瞭解最好的音樂家有什麼共同點。

結果，唯一發現的共同點，還是練習時間的長短。

普通的學生，練習彈琴的時間，總計在4000小時左右；優秀的學生，大約在8000小時左右；卓越的學生，沒有一個人低於10,000小時。

他將這個發現寫成論文發表，題目叫作〈有目的的訓練在專業人才培養中的作用〉（The Role of Deliberate Practice in the Acquisition of Expert Performance），網上可以下載到。

1 萬小時規則

2008年，暢銷書作家葛拉威爾（Malcolm Gladwell）將這篇論文寫進了他的新書《異數》（Outliers: The Story of Success）。

他概念化了原始論文的結論，宣稱存在一個「10,000小時規則」（10,000 hour rule），即成功至少需要10,000個小時的投入。走紅之前，甲殼蟲樂隊在酒吧中演出過10,000個小時。創立微軟公司之前，比爾・蓋茨投入程式編碼超過10,000個小時。畫家畢卡索、音樂家莫札特、籃球運動員喬丹，都有超過10,000小時的訓練。

這本書出版後，成為《紐約時報》非文學暢銷書排行榜的第一名。

2009年，一位名叫丹・麥克勞林（Dan McLaughlin）的人讀到了這本書。

他是一位商業攝影師，但是對自己的工作愈來愈沒有興趣。他想要改變人生。這本書啟發了他。

30歲生日的那一天，2009年6月27日，Dan 決定辭職，開始為變成一個職業高爾夫球手而努力。在此之前，他幾乎沒有打過高爾夫球，甚至對這項運動都沒有太大興

趣。他的計劃是，辭職以後，每天練習6個小時，一周練習6天，堅持6年，總計超過10,000個小時，然後成為職業選手。

他把這稱為「Dan計劃」。

我在測試人類的潛力

所有人都覺得這個想法太瘋狂了。丹的父親和姐姐都認為他不可能成功。

但是，丹不理會。為了保證想法能付諸實施，他積攢了10萬美元，並且把房子出租出去，以便獲得穩定的租金收入。2010年4月15日，他開始日復一日地練習，每個小時都做好記錄。

一個普通人，能不能放棄現在的人生，重新開始另一種人生？丹就在做這樣一個試驗，一個從未有人做過的試驗。

在這樣的年齡（30歲），沒有任何基礎，從零開始練習，堅持6年，一開始就做好詳細的統計，並且按照科學的方法不斷調整，最終成為一個職業選手。

他能成功嗎？

不過，丹很清楚自己在做什麼。他說：

99%的可能性，我不會成功。但是，這沒關係。我的真正目的，是想看看如果不斷投入時間，一個普通人可以走多遠。

如果我能變成一個職業高爾夫球手，對於許多普通人來說，他們的人生道路就會多出許多選擇。這個試驗的結果，並不在於我個人的成敗，而是讓人們看到，人生有更多的可能。

如果我真的在某項事業上投入10,000個小時，我就已經成功了。

我在測試人類的潛力。

他想證明「10,000小時規則」背後的思想：真正決定一個人成就的，不是天分，也不是運氣，而是嚴格的自律和高強度的付出。

成功的秘密，根本不是秘密，那就是不停地做。如果你真的努力了，你會發現自己比想像的要優秀得多。

在本文寫作時，根據維基百科，由於背傷和難以取得突破，丹在2016年放棄了 10, 000小時的計劃，改為與朋

友一起生產他們發明的一種飲料。

　　不過，丹還沒正式聲明退出該計劃，也許將來某一天，他會繼續下去。目前他的訓練時間，停留在5982個小時。●

軟體工程師的職業建議

什麼樣的人適合當軟體工程師？

下面的職業建議分別來自臺灣的侯捷老師，以及美國的著名軟體工程師尼古拉斯・澤卡斯（Nicholas C. Zakas）。我覺得這些建議非常好，很有啟發，不僅適合 IT 行業，也適合其他行業。

興趣

雖然很多人在選擇職業時受到家庭、環境等因素的影響，不一定能從事自己非常感興趣的工作，但是如果可能的話，一定要以興趣為要。這樣在工作時會很開心，在個人發展方面也會取得很好的成就。

因為只有興趣才能使你樂在其中，樂在其中你才會產生熱情，充滿熱情才能使你做到卓越。

認知

認知影響態度，態度決定一切。

侯捷老師認為，一個人在選擇發展道路時，尤其重要的是要對自己有一個正確的認知。每個人的興趣可能會變，有些人看到某個行業有發展，有前途，因此對這個行業、這條路產生很大興趣，這是非常可能的。但是每個人的本質基本不變，你是否甘於寂寞，是否能夠與寂寞為伍？你的抗壓性怎樣？你的毅力強不強？你的心理素質如何？這些特質都是不易改變的，而且只有你自己才能給出這些問題的準確答案。只有對自己有了正確的認知後，才能決定往哪個方向發展。

他認為，做 IT 產業非常寂寞，也非常辛苦，大家可能在週末的晚上都要加班，這就要求從事該產業的人必須甘於寂寞，具備一定的忍耐力。侯捷先生在年輕的時候非常努力，曾被稱為部門的「門神」，通常都是最早來，最晚走。他認為如果一個人喜歡交際應酬，喜歡公關，就應該儘早離開這個行業，因為選擇道路一定要忠實於你的本質、你的興趣。

對此我補充一點，軟體工程師主要跟機器打交道，而不是跟人打交道。有時，你會整整一天坐在電腦屏幕前，不說一句話，全神貫注地調試軟體。所以，如果你特別喜歡社交場合，喜歡跟人互動，你可能不適合當軟體工程師。

EQ（情商）

有能力讀完大學的人，聰明才智基本上處於同一水平，沒有人可以憑藉聰明就取得成功。尤其是在進入社會後，聰明才智已經退為次要位置，人們更重視EQ方面的東西，包括你的人際關係能力、溝通表達能力、抗壓性、處理危機的能力等。

學技術要掌握本質

我們在學習技術時應該注意掌握技術的本質性、不變性和可複用性。本質的東西不易變，不易變就可複用，這三者是一體的。

在接觸先進的技術時，將它的底層結構、本質性的東

西搞清楚，會給我們帶來莫大的幫助。本質性、結構性的東西屬基礎建設方面的問題，它對我們做項目可能不會帶來直接的幫助，但在無形中會帶來很大的影響，無形的通常是最寶貴的！世界上沒有不變的手法，只有不變的宗旨。

刻苦修煉內功

學武的人都必須從最基本的馬步、吐納等內功方面學起，招式很重要，但如果沒有內功方面的基礎，招術也只能停留在基本的層面，不會到達很高的成就。

在技術追求方面也一樣，我們有時候會太熱心於學習業界的新技術，每一樣都想沾一點。其實不必太急，基本功的東西更重要，研究得紮實一些，招式就比較容易創造了。

唯堅持得成功

堅持、毅力對一個人的成功是最重要的。有一句話說：在大樹底下站久了，樹蔭就是你的。

侯捷老師自認才能平庸，但很能堅持。他的這個個性在朋友之間是被稱道的。雖然有時堅持並不代表一定成功，但只有堅持才能有成功的機會。年輕時儘量刻苦一些，使肉體承受最大的痛苦，年齡稍大一些的時候才能享受成果。有一句話叫「退一步海闊天空」，但侯捷先生更希望大家「撐一下海闊天空」，一試再試做不成，再試一下。

不要別人點什麼，就做什麼

尼古拉斯・澤卡斯的第一份工作只幹了八個月，那家公司就倒閉了。他問經理，接下來他該怎麼辦。經理說：

小夥子，千萬不要當一個被人點菜的廚師，別人點什麼，你就燒什麼。不要接受那樣一份工作，別人命令你該幹什麼，以及怎麼幹。你要去一個地方，那裡的人肯定你對產品的想法，相信你的能力，放手讓你去做。

他從此明白，單單實現一個產品是不夠的，你還必須參與決定怎麼實現。好的工程師並不僅僅服從命令，而且

還給出反饋，幫助產品的擁有者改進它。

推銷自己

澤卡斯進入雅虎公司以後，經理有一天跟他談話，覺得他做得還不夠。

你工作得很好，代碼看上去不錯，很少出Bug（錯漏）。但是，問題是別人都沒看到這一點。為了讓其他人相信你，你必須首先讓別人知道你做了什麼。你需要推銷自己，引起別人的注意。

他這才意識到，即使做出了很好的成績，別人都不知道也沒用。做一個在角落裡靜靜編碼的工程師，並不可取。你的主管會支持你，但是他沒法替你宣傳。公司的其他人需要明白你的價值，最好的辦法就是告訴別人你做了什麼。一封簡單的 Email說：「嗨，我完成了×××，歡迎將你的想法告訴我」，就很管用。

學會帶領團隊

工作幾年後，已經沒人懷疑澤卡斯的技術能力了，大家都知道他能寫出高質量的可靠代碼。有一次，他問主管，怎麼才能得到提升，主管說：

當你的技術能力過關以後，就要考驗你與他人相處的能力了。

於是，他看到了，自己缺乏的是領導能力——如何帶領一個團隊，有效地與其他人協同工作，取得更大的成果。

生活才是最重要的

有一段時間，澤卡斯在雅虎公司很有挫折感，對公司的一些做法不認同，經常會對別人發火。他問一個同事，後者怎麼能對這種事情保持平靜。同事回答：

你要想通，這一切並不重要。有人提交了爛代碼，網站

下線了，又怎麼樣？工作並不是你的整個生活。它們不是真正的問題，只是工作上的問題。真正重要的事情都發生在工作以外。我回到家，家裡人正在等我，這才重要啊。

從此，他就把工作和生活分開了，只把它當作「工作問題」看待。這樣一來，對工作就總能心平氣和，與人交流也更順利了。

自己找到道路

澤卡斯被提升為主管以後，不知道該怎麼做。他請教上級，上級回答：

以前都是我們告訴你做什麼，從現在開始，你必須自己回答這個問題了。我期待你來告訴我，什麼事情需要做。

很多工程師都沒有完成這個轉變，如果能夠做到，可能就說明你成熟了，學會了取捨。你不可能把時間花在所有事情上面，必須找到一個重點。

把自己當成主人

　　澤卡斯每天要開很多會，有些會議根本無話可說。他對一個朋友說，他不知道自己為什麼要參加這個會，也沒有什麼可以貢獻。朋友說：

　　不要再去開這樣的會了。你參加一個會，那是因為你參與了某件事。如果不確定自己為什麼要在場，就停下來問。如果這件事不需要你，就離開。不要從頭到尾都靜靜地參加一個會，要把自己當成負責人，大家會相信你的。

　　從那時起，他從沒有一聲不發地參加會議。他確保只參加那些需要他參加的會議。 ●

為什麼起床後不能收郵件？

每天早晨打開電腦，你首先做什麼？

我的習慣一直是收郵件。後來，我讀到一篇文章，才震驚地發現，這樣做是十分錯誤的，反映了我控制行為的能力十分低下。英國作家惠特利（Richard Whately）說過：

在早晨浪費一小時，你得花一整天來彌補。

每天早晨，你不應該把收郵件當作起床後的第一件事。以下是關鍵的理由。

它會降低效率

對電子郵件毫不關心，其實是一種福氣。如果你手頭有重要的事情急需完成，就不要去收郵件。不收電子郵件，你就不會知道某地又發生了火災，或者某個品牌在搞

特賣，或者某個好友推薦的好玩的視頻。你得到的任何新的訊息，都能使你分心。

你一起床，就用30到45分鐘，集中精力去做最重要的事情，然後再去收電子郵件。如果你忍得住，不妨等待更長的時間，可以到午飯後才打開郵箱。只要對其他事情毫不關心，你就能把所有精力集中於手頭的工作。

它不屬你的待辦事項

如果你知道自己最重要的事情是什麼，或者知道每天應該完成的事情是什麼，那麼起床後首先就去做。

說穿了，打開郵箱，那一封封的電子郵件都是別人給你安排的代辦事項。要是這時你去收郵件，很可能你會做別人讓你做的事。每當你打開一封郵件，你就應該衡量一下，是你自己的事情更重要，還是別人的事情更重要。在現實中，又有多少人能夠看到別人的要求，卻堅持去做自己的事呢？

如果堅持不住，那麼最終你忙忙碌碌的，都是別人的任務（即使那只是回覆郵件、提供一點意見），而不是你自己的任務。你的時間到底屬誰？你自己，還是某個給你

寫信的人？

它是缺乏目標的藉口

為什麼你每天早上第一件事是收郵件？答案往往是因為你不知道你該幹什麼。

當你不知道什麼事情最優先的時候，你把查看郵件當作自己的當務之急，無法完成那些真正緊要的事情就是你的代價。

如果你每天早晨習慣性地打開郵箱，真正的問題倒還不是你浪費了查看郵件的時間，而是你不知道自己的高優先性任務是什麼，所以才會去做查看郵件那樣的低優先性任務。

被動與主動

查看郵件的時候，最好的結果是正好收到一封非常重要的郵件，不早不晚，然後你立刻採取相應的行動。但是，這樣的情況很常見嗎？非常少見。

更常見的情況有兩種。一種比較好的情況是，你沒有

收到任何新郵件，也就沒有什麼新的事情需要做。但是，不管怎樣，這時你浪費了檢查郵件的時間，你可以減少查看的頻率。你遇到的往往是另一種較壞的情況：<u>你為自己找來了更多要做的事</u>。因為你在收郵件，所以你開始回復它們，浪費了你本該用來做別的事情的時間。你不是主動地為自己設置一個日程表，新收到的電子郵件迫使你「被動地」行動，迫使你忽略了它們真正的優先性。

更好的做法是<u>去做那些對自己重要的事情</u>，而不管收件箱裡有什麼緊急的或者排在前面的郵件。別再浪費你的一舉一動，你要多執行生產力比較高的行動。

尋找藉口

有些人盲目地查看郵件（或者微信、微博等類似的浪費時間的網絡應用程式），經常不是在查找重要的東西，而是在尋找藉口，不去做那些必須做的事情。你在尋找理由，告訴自己為什麼那些事可以拖到以後做。

<u>不要落入這種陷阱。不要讓收郵件變成一種你放縱自己的藉口</u>。如果你手頭正在做一件事，那就別查看郵件。如果你有不得不做的事情，那就去完成它，不要通過查看

郵件拖延。

沒法設置時間限制

開會是一種很浪費時間的事，但是大多數情況下，你至少知道會議需要開多久。如果我問你，打開郵箱後，你將在郵件上花費多少時間，你很有可能無法回答，或者低估了耗費的時間。

查看郵件只需要一分鐘，問題在於你會被隨之而來的事情拖住，無法知道完成那些事情要耗費多久。有時，你在起床後打開郵箱，結果就陷在裡面了，直到午飯時才得閒。一天之中，你效率最高的時間是有限的。別讓郵件把你拖住，耗費掉你寶貴的時間。

它帶來期待

許多人說：「我不得不收郵件！別人期待儘快收到我的回覆！」這種說法是不可信的。確實有一些儘快回覆的要求，但是它們可能遠不如你想的那麼緊急。其次，就算儘快回覆是唯一的選擇，你不妨問自己為什麼會這樣。

你知道嗎，為什麼別人期待你儘快做出回覆？原因可能是，你總是每天一醒來就回覆郵件，你自己造成了別人的期望。你愈頻繁地查看郵件，人們就愈相信你會很快地回覆。你不再每天早早地查看郵件，人們也就不再期望你會儘快回覆了。

如果你「必須」收郵件……

如果你必須及時收取郵件、獲得訊息，那就限制自己只查看一部分郵件，可以實施下面的規則。

只看有沒有你正在找的東西。最重要的，別看計劃外的東西。帶有目的地去看，有沒有一封特定的人發給你的特定的郵件。

過濾那些不重要的郵件。如果郵件來自一個陌生的地址，那就留到以後看。

設置一個時間限制。規定自己只能用5分鐘收郵件，只找自己想要的那個訊息，在行動之前就制定好退出策略。

郵箱還沒打開的時候，你就應該知道遇到以下情況應

該怎麼辦：（1）那封郵件已經到了；（2）它還沒到；（3）你想要的訊息不夠完整。

　　不管怎樣，別被動地做出反應，而要主動地想好針對不同的結果做出怎樣的行動。　●

實戰篇

也許未來，你在網上訂購了一段情節，
就能進入一個全新的故事世界，
這個世界有可能是真實的，
也有可能是VR（虛擬實境）的，
對你來說都一樣，
因為它們看上去幾乎完全相同。

你只知道，
你在街頭遇到的每個人、每件事，
都是遊戲安排好的

個性也是一種競爭力

2016年3月，有一條新聞：大陸有位網名叫作「papi醬」的姑娘，得到了1200萬人民幣的風險資金投資。

新聞稿上這樣說：

真格基金、羅輯思維、光源資本和星圖資本宣布對papi醬投資1200萬元，占股12%；papi醬團隊持股88%，估值1億元。

據報導，papi醬今年29歲，是中央戲劇學院導演系的在讀研究生。她從2015年下半年開始，在網上發佈各種兩三分鐘的短視頻（影片），因此走紅。在視頻裡，她以獨白秀的形式，通過誇張的表情，以及變音器、對口型、方言等形式，大講男女關係、社會現象等。

光看這些視頻的標題，就不難想像她談論的內容：《當女人說「沒事」的時候，到底在說些什麼？》、《像個臺

灣人一樣說東北話》、《美女的痛苦你們根本就不懂啊》……等等。新聞上又報導：

統計了一下主流平臺的數據，papi 醬的視頻總播放量超過 2.9億次，每集平均播放量753萬。其中，點擊最高的一集視頻《有些人一談戀愛就招人討厭》，全網播放量達2093 萬次。這還只是papi醬個人帳號的數據，不包括其他帳號轉發的情況。

當技術無處不在

我周圍的朋友對這件事情很關注，倒不是因為喜歡她的視頻，而是很驚奇，難道現在風險投資的門檻已經這麼低了？

以前，在我們的觀念裡，你只有技術領先、做出了一個優秀產品，才能拿到風險投資。papi醬讓大家發現，人人都可以獲得風險投資，只要拿起手機，拍攝幾分鐘，上傳到網上，有一大群粉絲追捧，就會有人願意投你。

這件事標誌著，風險投資不再是技術創業者的專享了，人人都可以拿風投，人人都可以創業，只要你有足夠

的粉絲。

技術的演進，似乎已經到了這樣一個階段：<u>使用門檻極低，任何人都可以輕易掌握使用方法</u>。

以前，你必須具備專門知識，才能使用技術工具；而現在，只要會用手機，就能生產出無窮無盡的內容。我有一個朋友，每天對著手機錄音一分鐘，有時讀一段詩，有時說一些感想，發在微信上，也有上萬個訂閱者。

我們正在進入一個「<u>後技術時代</u>」，特徵就是技術無處不在，成為整個社會的基礎設施，不再具有使用門檻，一個人就可以運作一家企業或一家媒體。以前創業是比技術、比功能，今後創業可能就是比特色、比個性。

當個性變成了產品的一部分

手機行業就是技術泛化的一個例子。以前的手機行業，比的是誰的功能強，現在比的是各家的特色，比如配置、拍照、外觀等。因為如今的手機從外形到功能高度雷同，所有廠商都掌握基本技術，功能大家都一樣。

今後，產品競爭的重點很可能就不是技術了（因為大家的基本技術都差不多），而是產品的服務、外觀設計、

文化等非技術方面。其中很重要的一項，就是<u>產品的個性</u>。因為其他方面都容易複製，但個性最難複製。如果一個產品充斥著非常濃郁的個性，這樣的產品最難被取代。

蘋果公司就是一個例子，創始人賈伯斯斯個性張揚，掌控一切，從產品設計到軟體功能，甚至蘋果商店的櫃檯佈置，無不體現著他的個性和審美。結果使得蘋果的產品有一種獨特的人格和文化，吸引著全世界的消費者。可惜賈伯斯死後，蘋果的這種個性特色正在逐漸喪失。

papi醬也是這樣的例子。她以前拍過寫真，當過女主角，因為沒有個性，結果都沒走紅。反而是素顏出鏡，本色演出，對著攝影鏡頭惡搞，卻開始全國出名。更極端的還有女神卡卡（Lady Gaga），她原來只是一個紐約酒吧的小歌手，就是因為穿著個性化的奇裝異服，而變成世界巨星。

當個性變成了產品的一部分，就成了一種競爭力。以後，你需要兩樣東西幫助你成功。一樣是你的能力，還有一樣是你的個性。它們互相配合，造就出獨一無二的產品，令其難以被其他產品或技術取代。考慮到人的能力很難大幅超出其他人，那麼個性的重要性就更加凸顯。

稀缺品

個性是一種稀缺品。個性普通的人到處都是，個性獨特的人非常少見。

如果你非常有個性，而且這種個性還能受到廣泛歡迎，那麼你本人就是一種稀缺品。

經濟學告訴我們，物品的價格由其供給的稀缺性決定。比如，水和鑽石，前者是生命的必需，但到處都是，因此價格很低，5元一立方；後者只是一塊漂亮的小礦石，可有可無，但因為供給少，價格就奇高。

如果你把自己看成一種商品，市場對該種商品的需求要是只有你一個人供給，那你就能要到高價。

除了功能，產品也具有自己的個性。而且，個性能夠造就產品的獨特性，在我們這個社會尤其如此。原因是中國傳統社會強調集體和服從，不鼓勵每個人發展自己的個性。所以，真正具有自己個性的人或產品，都不多。這種環境裡，個性的超額回報就更高。這就好比其他人都不會唱歌，只有你一個人會唱歌，即使歌聲再差，聽眾也會趨之若鶩。

技術在消滅差異

個性變成競爭力，還有一個原因是技術造成的。技術發展的一大結果就是差異消失。凡是技術主導的領域，生產出來的往往都是標準化產品。當你和其他人用的都是一樣的產品時，你就開始懷念差異和個性了。

舉例來說，很多女孩子喜歡購買各種各樣的手機套，如果沒有這個套子，每個人的手機看上去就都一樣了。總之，技術在消滅差異、拉近人們的生活方式和生活水平的同時，也在加大消費者對個性的重視。

papi醬能獲得投資，本質上就是個性商品化、個性企業化。這樣的事情，今後會愈來愈多。從更深層次來說，技術是冰冷和沒有人性的，技術愈是主導人類社會的發展方向，就愈需要人性作為平衡和糾正。技術正在很多方面勝過人類，而人性作為一種競爭優勢，因而就變得更明顯了。●

要聊天，先付費

　　2015年底，中國大陸有位李笑來老師想透過「眾籌」募資出版他的新書，每份金額2555元。但是，那本書已經「開源」了，也就是任何人都可以免費閱讀。你繳了錢，唯一的權利就是可以加入專屬的聊天群。也就是說，這其實不是眾籌，而是出售聊天群的會員資格。

　　更嚴苛的是，在這個群裡，你還不能隨便聊天，「群規」寫得很清楚：

　　1. 群內不鼓勵閒聊；

　　2. 不得發廣告；

　　3. 不得傳播盜版書籍；

　　4. 允許討論，不允許爭論；

　　5. 每天18:00～21:00可聊天；其他時間儘量不要閒聊，大家時間都有限，儘量不要打擾大夥；否則可能會被扣積分。

謎之聊天付費制

我很好奇，會有人願意出幾千元，加入一個不能聊天的聊天群嗎？

接下來的事情，刷新了我對互聯網的認識。

兩天之內，這個眾籌案的金額就超過了 100 萬元人民幣。到今年 4 月份，這個聊天群的會員規模達到了 3000 人左右。不僅如此，李笑來還成立了一家公司，專門開發支持這種收費聊天群的 App。這家公司已經拿到了風險投資資金，將專門服務各種各樣的收費群。在李笑來的親自指導下，其他的收費群也開始建立起來了，比如另有一位池建強老師建了一個「工程師技術分享群」，會員費是 1024 元／年，現在也有 700 多個會員了。

我不明白，為什麼那麼多人願意付費加入聊天群，付錢去跟不認識的人聊天，或者聽別人聊天？如果說是為了獲取新的訊息和知識，那麼把手機（尤其是聊天軟體）當作學習平臺，效果會好嗎？

懷著這種疑問，我發了一條訊息：

大家怎麼看收費群，要是我也建一個互聯網技術討論

群，每個工作日分享一篇技術文章，會員費也是每年1024元，有人願意參加嗎？

反應還挺熱烈的，所有回覆當中，80%表示恕不奉陪，20%表示有興趣。其中，有一條回覆引起了我的思考。

今年下半年，我就要畢業了。這個行業裡，誰也不認識。到了新城市上班以後，估計平時也沒有時間和管道去拓寬社交圈。如果可以讓我多認識一些行業內人士，我願意付費加入。

這段話讓我想通了，收費群的價值在哪裡。

人需要社交，我們需要有機會接觸其他人。面對面地交談是一種社交方式，互聯網聊天又何嘗不是呢。如果軟體可以提供或營造一個高質量的社交管道，當然可以收費。真實世界中，高檔俱樂部的會員費高達十萬甚至幾十萬元，還不是照樣有不少人加入，而這些人是為了享受會所的服務嗎？恐怕更多的還是看中會所提供的社交圈。

在《軟體隨想錄》這本書中，曾經非常形象地描述過這種需求：

　　年輕的軟體工程師剛從學校畢業，橫跨整個國家，搬到一個沒有熟人的新地方，基本上出於孤獨，他們只好每天工作12個小時以上。所以毫不奇怪地，那麼多的軟體工程師都非常渴望多一點人際交往，他們湧向線上社群，比如聊天室、論壇、開源項目和網絡遊戲。

　　現代化工業的流水線模式，要求非常細的專業分工，這造成勞動者社交圈的狹窄。另一方面，當代都市的規模愈來愈大，帶來的孤獨感、疏離感和壓力感，也是空前的。這些因素造成了大量的社交需求，各種社交軟體的流行（比如Facebook、微信）絕不是偶然的。

　　因此，收費群的商業模式是可行的，背後有真實需求。而且，網絡社交比傳統社交更便宜。線下的社交活動，比如吃飯、出遊、娛樂，成本都不低（考慮進時間成本就更是如此），相比之下，收費群的會員費並不貴，當然前提是能確保提供良好的社交體驗。

社交大市場

　　1989年，美國社會學家奧登伯格（Ray Oldenburg）

出版了一本著名的書《絕好的地方》（The Great Good Place）。他提出，人類的日常生活主要分佈於三個空間：

第一空間是居住空間（也就是家），第二空間是工作空間，第三空間是休閒娛樂空間，在那裡會見朋友、喝啤酒、談天說地，享受人際交往的樂趣。典型的第三空間是咖啡館、酒吧、美髮店、露天啤酒店、桌球房、俱樂部這一類地方。

奧登伯格認為，人的生活質量與這三個空間都相關。其中，第三空間的質量和逗留時間長短，決定了你的生活是否豐富多彩。當代社會的問題是，第三空間正在逐漸喪失。

過去25年以來，美國人更少參加聚會性的團體，更少瞭解自己的鄰居，更少與朋友見面，甚至與自己的家人也變得更少溝通。對許多人來說，生活就是去上班，然後回家，然後看電視，周而復始。

這本書出版後，第三空間這個概念受到了極大的重

視。但是此前，第三空間只被當作實體空間，現在我們終於可以說，<u>網絡也是第三空間</u>，聊天群就是最好的例子。一個運行良好的聊天群，也可以對參與者的生活質量產生重大影響。

我現在的認識是，社交需求是一個極大的市場，網絡社交才剛剛起步，潛力無限，現有軟體根本沒有很好地滿足這些需求。收費的聊天群，只是一個非常初級的應用，各方面都還很簡陋。將來付費的網絡社交將是常態，那些<u>高質量社交群</u>的會員費，一定是很貴的。●

即將來臨的賣文時代

2016年，「內容付費」成了中國大陸互聯網行業的一大熱點。

（1）網絡電臺「喜馬拉雅FM」推出了付費音頻。有一檔節目是馬東主持的《好好說話》，每天6分鐘，教你溝通、說服、談判、辯論、演說五大說話技巧，售價198元。第一天的銷售額就突破500萬元，一周後突破1000萬。

（2）「果殼網」推出了付費問答服務「分答」，你可以「打款」（線上付費）給某個用戶，要求他用真人語音回答你的問題。其他人只需支付1元，就能「偷聽」到他的回答，而提問者和回答者，可以平分所有來自「偷聽」的收益。這個服務上線一個多月，據說就有1000萬人參與，產生了50萬條問答，總交易金額超過了1800萬。有人花了3000元，向一位名人王思聰提問：「你的人生還有什麼買不起？」後者回答了45秒，有22812人偷聽了答案，這些

偷聽令提問者淨賺了8406元，王思聰則賺了14406元。

（3）「知乎」推出了付費的實時問答服務「知乎Live」。創新工場董事長李開復在線談創業，回答網友的問題，定價499元的200張門票一搶而空，當日收益10萬元。

（4）「羅輯思維」推出了「得到」App，可以付費訂閱專欄和購買各種音頻節目（比如，1.99元人民幣購買《人類簡史》的濃縮版，原書38萬字濃縮成1.8萬字，據稱幫你節省了6小時閱讀時間）。李笑來的專欄《通往財富自由之路》，每年的訂閱費是199元，目前已有超過60,000人購買。

免費的網路原生性格

上面這些服務，都屬「內容變現」。通俗一點說，就是讓內容的生產者，出售自己在網上發表的內容，如果賣得好，會有很可觀的收益。

付費購買他人生產的內容，聽上去似乎稀鬆平常，但在互聯網上，這是一件很不平常的事。因為網絡的生態就是免費，瀏覽網頁免費、聽歌免費、看視頻免費，鮮有人對內容收費。不是大家不想收費，而是很難賣出去，迄今

為止，傳統媒體試圖對內容收費，幾乎都失敗了。

追溯回 2005 年 9 月，《紐約時報》網站就首次設立付費牆，訂閱費用為每年 49.95 美金或每月 7.95 美金。然而，網站收費卻帶來了網站訪問量的大幅下降。該報網站又於 2007 年 9 月暫停了對網站絕大部分內容的收費。除去對報紙訂戶開放網站內容外，《紐約時報》1987 年至 2007 年的數字版也全部免費提供給讀者；1851 年至 1922 年的歷史資料同樣免費開放；1923 年至 1986 年報紙僅部分內容需要收費，其餘部分也免費開放。《洛杉磯時報》於 2005 年首次嘗試對其網站的娛樂頻道進行線上收費，然而僅在執行數月後就因該板塊流量大幅下降 97% 而宣告終止。

你想想看，連《紐約時報》這類強調優質的內容，在網路上都賣不出去，那麼為什麼在中國大陸市場，內容付費突然成了一種潮流呢？

免費依舊，收費不再罕見

細細考察，以前在網上，也不是所有的內容都賣不出去，有些內容是一直有人付費的。我把它們分成三類。

（1）實用性內容：*最典型的就是股票分析和彩票分析。據一個做網上文庫的朋友透露，像《學習心得》、《思想彙報》、《考察總結》這一類的文章，也非常好銷。*

（2）知識性內容：*主要是論文。*

（3）娛樂性內容：*主要是網絡小說。定價是一毛錢看一章，結果就出現了3000多章的小說。*

由此可見，用戶是願意付費的，從一開始就是。

以前，內容付費之所以沒有成為主流，主要原因還是收費不方便。如果我想為自己的網站加上收費功能，讀一篇文章收費一元錢，成本很高。這一類小額支付（或稱微支付），收到的錢有時都不足以彌補手續費。而且，即使讀者有意願付費，流程也很麻煩，可能要在多個網頁之間跳轉，幾分鐘也不一定能搞定。此外，盜版問題、PC的閱讀體驗不好、缺乏互動手段都是原因。

但是，現在不一樣了，智慧型手機的普及改變了一切。你可以隨時隨地瀏覽，音頻和視頻配合文字內容呈現，並且可以與作者和其他讀者互動，最重要的一點是微支付使得付費輕而易舉，只需點擊一個按鈕，或者掃一下二維碼即可。正是支付技術的進步，使得內容付費成為可

能，讓生產者有辦法為單個內容定價一元（或者其他很低廉的價格）進行銷售。

騰訊的「微信」據說也要推出付費閱讀，如果消息屬實，這個功能一旦對大眾開放，付費閱讀將成為常態，手機上將有鋪天蓋地的付費內容，任何人可以把任何文章放到這個平臺上銷售。無數內容創業公司將會由此誕生，一個人人賣文的時代即將來臨。

當然，就像這個世界上所有別的事情一樣，成功的總是少數人，真正能從內容付費上賺到大錢的人並不會很多。這件事情的真正意義在於，以前那種內容放上互聯網只能免費、不能收費的時代將會結束，互聯網的商業模式將會被改寫。

我想，網上今後將免費內容和收費內容並存。那些熱潮上的、受歡迎的內容，很可能都會收費，因為既然可以變現，為什麼不這樣做呢？另一方面，免費內容仍然將是主流，傳統的商業模式——免費內容換取流量，流量轉化廣告——依然有效，而且收費內容也會讓用戶更珍惜免費內容，促進對它的消費。

總之，內容生產者只能在互聯網無償提供內容的時代將會過去，「寫文章養活自己」不會再是一句空話了。這將

會大大促進內容的生產，我們會看到互聯網上出現更多的優質內容。那些最優秀的作者將是最大的贏家，互聯網不但擴寬了他們的影響力，還將為他們帶來源源不斷的巨額財富。

下一個《哈利波特》的JK羅琳應該會在互聯網上誕生。 ●

微媒體時代

「直播」是2016年最火爆的互聯網大事之一，各大網絡公司紛紛推出自己的直播平臺。從最早的遊戲直播、歌舞直播，發展到現在的包羅萬象。你只要打開手機攝影，就可以隨時隨地直播，逛街直播、聚餐直播、燒菜直播等都出現了。

直播實際上已經變成了一種大眾娛樂。

2016年9月，中國大陸的新聞出版廣電總局發了《關於加強網絡視聽節目直播服務管理有關問題的通知》，其中有這樣一條：

未經批准，任何機構和個人不得在互聯網上使用「電視臺」、「廣播電臺」、「電臺」、「TV」等廣播電視專有名稱開展業務。

這就是說，直播的時候，你不能把自己稱為電視臺。

這條規定不禁讓我想到了一個問題，因為絕大多數直播都是一個人在搞，那麼有沒有可能，一個人就能辦一個電視臺呢？

「譚潔」只有一個人

就以傳統的新聞電視臺來說，一個人肯定辦不起來。三個最基本的職位——採訪、編輯、主播——一個人是搞不定的。在中國大陸最基層的縣級電視臺，哪怕消息都靠「通訊員」彙編引用其他的媒體內容，也往往有幾十人的編制。

但互聯網不一樣：如何播出不用操心，只要攝影鏡頭對準自己就可以；節目內容就是直播主題加上旁白（歌舞類直播可能還要唱歌跳舞）；提前做一些準備，當然最好，沒有任何準備，想到哪裡說到哪裡，問題也不大。

所以，互聯網直播完全可以一個人包辦。事實上，很多人已經把直播當職業了，每天晚上都開台，從晚飯後一直直播到半夜，靠粉絲「打賞」來賺錢。這種情況下，就等於一個人做了一個頻道，不僅採、編、播集於一身，還集成了廣告部門。從功能上來講，一個互聯網直播間就是

一個微型的網絡電視臺了。

中國大陸的《長江日報》曾經報導過武漢一個網絡主播的生活。

譚潔一周5天，從14時到16時直播。一個自拍架，一部手機，一個充電器，每天譚潔拿著手機在武漢三鎮到處逛，直播自己吃飯、坐公車、買衣服、逛街等日常生活以及所見所想。記者在江漢路中心百貨的麥當勞見到了譚潔，當時直播平臺上有3萬多人正上線看她。……譚潔粉絲多，除了6000元（人民幣）的底薪，加上「禮物抽成」，一個月能拿2萬左右。

有一部電影《楚門的世界》，講的是主角「楚門」生活在一個巨大的攝影棚裡面，每天24小時的生活都被製作成肥皂劇，向全世界播出。上文的那位譚潔姑娘，已經把這段情節變成了活生生的現實。不同的是，楚門的背後是一個上百人的團隊，而譚潔只有一個人。

如果每個人都是一個微型媒體，就像無數座移動的小電視臺，每時每刻向外界發送著信號，那麼媒體的生態就完全不一樣了。

　　以前是大媒體時代，一個城市只有幾家媒體，所有人從這些媒體獲取消息。現在是微媒體時代，周圍到處是形形色色的媒體。你不僅消費別人提供的消息，自己也在源源不斷地「播放」消息。用計算機科學的術語來說，以前的媒體生態是「中央集中式」，現在是「網狀分布式」，媒體分子化了。

從超大媒體到超大平臺

　　這種媒體生態的根本性變化，意味著什麼呢？

　　首先，傳統的大媒體公司將會遭遇生存危機。遍地開花的微媒體，使得人們不再那麼需要那些大媒體公司了。許多傳統媒體會死去，那些最優秀的媒體還會繼續生存下去，因為它們是公認的可靠消息來源。

　　微媒體會變得比大媒體更受歡迎，其中一些會走上商業化運營的道路，最終變成大型媒體公司。對於用戶來說，收看大媒體的節目與收看微媒體的節目，並無差異，兩者的地位是平等的。大媒體將被迫與微媒體在同一條起跑線上競爭，這對於微媒體是巨大的機會。不管你是誰，都有機會成名15分鐘。那些大媒體的廣告客戶，完全可能

變成你的廣告客戶。

其次，媒體的節目導向將發生變化。總體上，大媒體的節目雖然製作更精良，但是成本較高（用戶不得不看廣告），有更多商業化的成分，它們的目標是讓生產出來的內容給盡可能多的人看。

微媒體不一樣，它根本不是商業驅動的，而是以興趣和自我展示為主要訴求。你收看微媒體，其實就是在收看主播的個性和想法。所以，微媒體興起後，媒體的視角將由宏觀（社會、經濟、政治、歷史等）轉向更微觀、更自我。

再次，以後不會再有超大型的媒體公司，只會有超大型的媒體平臺。這已經是互聯網時代的普遍趨勢了：世界最大出租車公司優步（Uber）不擁有任何出租車，最大內容提供商Facebook不生產任何內容，最大網商阿里巴巴不擁有任何商店，最大旅館服務商Airbnb不擁有任何房間。同樣的，未來最大的媒體將不生產任何內容，只提供內容的消費和交易的平臺，現在的YouTube已經初具這樣的雛形了。

最後，媒體會變得極度廉價化，以前是每個人都擁有個人主頁（Facebook、微信、微博都是個人主頁平臺），

將來是每個人都有一個媒體。微媒體為個人帶來了極大機會，讓你把自己傳播出去。

以前，人們盼著上電視，讓別人知道自己是誰；將來你的個人媒體上，你永遠都是主角。問題是如何吸引別人來看，媒體推廣將成為每個人的必修課。微媒體的時代，你必須學會如何把自己傳播出去。 ●

未來的娛樂業

2012年1月份，美國風險投資家葛拉罕發表了一封公開信，題目很誇張，叫作〈摧毀好萊塢〉（kill Hollywood）。他希望創業公司投入娛樂行業的創新，跟好萊塢一比高下，甚至取代它。

當時，我讀到這封信，心想怎麼可能！

好萊塢幾乎代表了整個電影工業，已經發展了一百多年，高度成熟，怎麼可能在以後幾十年裡面被取代，難道未來的人們不看電影嗎？而且，那時中國大陸的電影市場剛剛起步，電影在大陸完全是新生產業。

葛拉罕的核心觀點是下面這句話。

電影行業正在死亡，互聯網蓬勃興起。未來會有更好的娛樂方式，讓人們樂在其中，殺死電影和電視。

他的意思是，未來會有比電影更有趣、更好玩的娛樂

方式，導致電影消失。但是，這種新的娛樂方式是什麼，他沒說，說實話也不知道，只是相信一定會出現。

最近，我經常想起這句話，感到他的預言正在變成現實。我似乎已經有點知道了，比電影更好的娛樂是什麼。

更好的娛樂體驗

請先思考一個問題。

電影與旅行的差異是什麼？

回答是，電影是被動體驗，旅行是主動體驗。

電影（包括電視）需要觀眾坐在屏幕前，從頭到尾看完節目。整個過程中，你都是被動的接收者，導演和編劇安排你看什麼，你就必須看什麼。基本上，電影的模式就是你坐在那裡，等著看接下來什麼情節發生。

旅行則是你擁有選擇權，每一步都由自己決定。電影讓你「看到」他人的生活，旅行則是讓你「親歷」他人的生活。所以，它們不能互相替代。電影告訴你一個巴黎的故事，旅行讓你走在巴黎的大街上，那是不一樣的體驗。

那麼，能不能有一種新的娛樂方式，做到「電影+旅行」？我的意思是，它把電影和旅行結合為一體，讓你在

電影中旅行，在旅行中「親歷」電影。

寫作本文之前不久，我在玩一個叫作《刺客教條》（Assassin's Creed）的電玩遊戲。我扮演一個法國大革命時期的刺客，去完成一系列任務。

我操縱著遊戲，在巴士底獄、凡爾賽宮、塞納河、巴黎聖母院這些地方奔走，與路易十六、拿破崙、羅伯斯庇爾交談。有那麼一刻，當我在三級會議的會場外面，被皇家士兵攔住，一輛雙輪馬車擦身而過，揚起一片灰塵。我的頭頂突然落下一陣水滴，那是洗衣女工晾曬在二樓窗外的破衣服。我不禁有點恍惚，彷彿身處 1789 年的巴黎。

我覺得，<u>遊戲中的巴黎比真實的巴黎，更有巴黎的感覺</u>。我去過歐洲，說實話，走在歐洲的馬路上，跟走在國內的馬路上，沒有太大的區別，無非就是人家的馬路更窄、高樓更矮、建築更漂亮而已。但是，這個遊戲讓我有強烈的身處異國他鄉、風雲際會的感覺。現在，我對巴黎大革命有了更深切的理解和體驗，好像親身參加了一遍。

計算機圖形運算技術發展到今天，已經可以亂真。肉眼完全無法分辨哪張是真實的照片，哪張是計算機生成的圖片。計算機已經可以模擬一個虛擬世界，視覺上跟真實世界一模一樣，而且像素更細膩、色彩更鮮豔，更討人喜

歡。

以前，計算機圖像還只能在二維平面呈現，現在「VR頭盔」出現了，讓虛擬圖像變成了一個三維立體的空間，敞開在你的周圍，等待你的進入，而且你知道後面會有一個非常精彩的故事等著你。這是不是比電影或旅行更吸引人？

我並不是說，VR遊戲一定會取代電影或旅行，而是說它能提供電影或旅行沒有的體驗。這裡的重點是，VR遊戲是一種可以在裡面玩的電影，或者說可以讓你在故事裡面旅行。用戶有著無與倫比的「參與感」。

有部美國科幻電視劇《西部世界》（West World）更進一步描述了一個大樂園場景，重現出十九世紀的西部拓荒生活，裡面都是3D打印出來的「智能機器人」陪著遊客玩。遊客分辨不出誰是真人，誰是機器人，除非事前知道。

娛樂的極致就是親身投入

一般來說，「參與感」讓一種活動變得更好玩。電玩遊戲和旅行讓人產生「參與感」，電影、電視、劇場演出則無法參與，你只能坐在舞臺下觀看。

　　但娛樂業的發展史，就是讓用戶愈來愈多地參與進來。舉例來說，你無法參與演唱會，只能坐在台下聽歌星唱，人家唱什麼，你聽什麼。於是出現了卡拉OK，讓普通人也過一把高歌一曲的癮，結果卡拉OK變成了比演唱會更大的行業。「廣場舞」也是如此，自己跳舞比看別人跳舞過癮多了。

　　為了讓球迷參與球賽，出現了足球彩票。為了讓觀眾參與網路視頻，出現了「彈幕」（讓參與者在畫面上留言）。就連電玩遊戲，都在尋求玩家更深程度的參與。2016年的實境遊戲《寶可夢》（Pokemon Go），要求玩家走上馬路尋找寶貝，結果風靡了世界。你要玩這個遊戲，就必須出門，在馬路上掏出手機，到處尋找線索。你身邊的真實世界就是遊戲世界，你在遊戲裡遇到的人，就是在你對面的真實的人。

　　任何一種活動，可以讓普通人參與進來的門檻愈低、程度愈深，就愈會大受歡迎。迪斯尼樂園總結出來的一條經營原則就是：「如果娛樂節目少一些被動性和純觀賞性，多一些親身參與，遊客就會停留得久一些。」

　　一句話，娛樂業的發展方向，就是讓消費者更多地參與進來。現在的電影模式做不到這一點，所以會被淘汰；

VR遊戲允許消費者全身心參與，這才是未來的方向，VR
電影應該很快就會出現。

兩個H

　　馬雲說，十年以後中國最大的兩個產業，是健康產業
（Health）和文娛產業（Happy），簡稱「雙H產業」。前者
讓人更健康，後者讓人更快樂。

　　目前，人們關注的重點，還是如何生存和經濟收入，
等到這個階段過去以後，就會改為關注生活品質。那時
候，就會要求更高品質的娛樂活動。

　　未來的人們一定不會滿足於跑到電影院買票看電影，
或者坐在電視機前按著遙控器一個個更換頻道。他們要求
「參與感」。現在的大城市裡面，「密室逃脫」遊戲廣受歡
迎，就證明了這一點。

　　也許未來，你在網上訂購了一段情節，就能進入一個
全新的故事世界，這個世界有可能是真實的，也有可能是
VR的，對你來說都一樣，因為它們看上去幾乎完全相同。

　　你只知道，你在街頭遇到的每個人、每件事，都是遊
戲安排好的。　●

●●●●●●●

技術教育的興起

補習與大學

有一年，我在臺灣環島旅行。

花蓮的海邊，我遇到一對臺灣青年夫妻，帶著女兒在海灘上玩。我們聊了起來。

當時，我還在高校當老師。他們問我，是否覺得臺灣的孩子很幸福。我說為什麼？爸爸指著女兒說：「這些小孩沒有升學壓力啊。」

這倒是事實。臺灣有100多所大學，可是生育率不斷萎縮，導致很多大學招不到學生。我看過一篇報導說：

2006年，臺灣考生每科只需考到15分就可以上大學，2007年這個紀錄被打破，4科加起來只需18分，2008年更誇張，總分7分就能當大學生了。7分就能上大學，因此成為年度笑話。有人調侃：即使什麼都不會，選擇題全部猜 C

都能上不錯的學校吧！

　　但是，這不能解釋一個現象。我想了一會，對那位爸爸道出我的疑惑：「如果考大學如此容易，為什麼臺灣有那麼多補習班呢？」

　　也許對沒到過臺灣的大陸人，想像不到補習班可以做成一個這麼大的產業：臺灣最熱鬧的商業街上，都是補習班的霓虹廣告；補習班老師是高收入人群，名師就是富豪，也是全社會的知名人物。我不明白，為什麼補習班有那麼多學生，明明沒有升學壓力啊？

　　爸爸答不出來，想了半天，只說「父母都希望孩子出人頭地啊」。

魚躍龍門與鬥爭武器

　　旅行回來後，我發現大陸的補習班行業也蓬勃興起了，比臺灣有過之而無不及。

　　每個「居住小區」的周圍，都有好幾家補習班公司，招生對象從兩三歲的娃娃到十幾歲的中學生，全部通吃。補習科目無所不包，從外語數學外到藝術體育，寒暑假還

提供美日歐的遊學項目，供家長選擇。每到夜晚，燈火通明，門口都是接送孩子的家長。

我們的補習班公司，還上市了。從最早的「新東方」，到後來的「達內科技」、「正保教育」、「學而思」、「51Talk」，都是績優公司，在紐約交易所上市，受到投資者追捧。後面還有一大批培訓類創業公司，排隊等著上市。這在全世界恐怕也是絕無僅有。

歷史最悠久、市場需求最大的培訓項目，就是外語培訓。

我讀中學時，同學裡面流行上《新概念英語》和口語補習班。到了大學，流行的是托福和 GRE 補習班。大家認定，英語好，人生才有出路。

那時，外商企業的收入高，比國有企業要高好幾倍，還有出國的機會。如果能拿到美國大學的獎學金，那就是「魚躍龍門，過而為龍」了。大家都想走這條路。馬克思有句名言「外語是人生鬥爭的武器」，那時是大家的座右銘。

外語改變了很多中國人的人生。馬雲說，他小時候整天就在西湖邊，跟外國人搭訕練習口語，因此認識了澳大利亞的一家人，受邀出國去澳大利亞待了一個月。他大學

讀的是英語系，第一個創業項目是翻譯社，1995年第一次去美國，在西雅圖見到了互聯網，覺得這玩意有前途，開始互聯網創業。也是因為英語，結識了雅虎的創始人楊致遠，得到了一筆對於阿里巴巴最為關鍵的投資。

不開口遊遍摩洛哥

中國人對於英語的學習熱情，造就了新東方這樣的補習班巨頭。但是，20年過去了，我漸漸發現，英語學習沒有以前那麼重要了。

一方面，大陸就業的機會和收入愈來愈多，不比國外少。更重要的是，技術的快速發展，使得語言的壁壘愈來愈低，甚至消失。

最早的時候是詞典軟體，只要鼠標一指，就有中文解釋，省得查字典了。後來有了翻譯軟體，都不需要鼠標指來指去了，直接把全文翻譯成中文。到了現在，機器翻譯已經很可靠了，循語法規則的文獻，機器翻譯的質量接近人工翻譯。

最新的技術成果是，Google推出了一款實時翻譯耳機Buds，已經上市了。你把耳機戴上，對方說英語，你會實

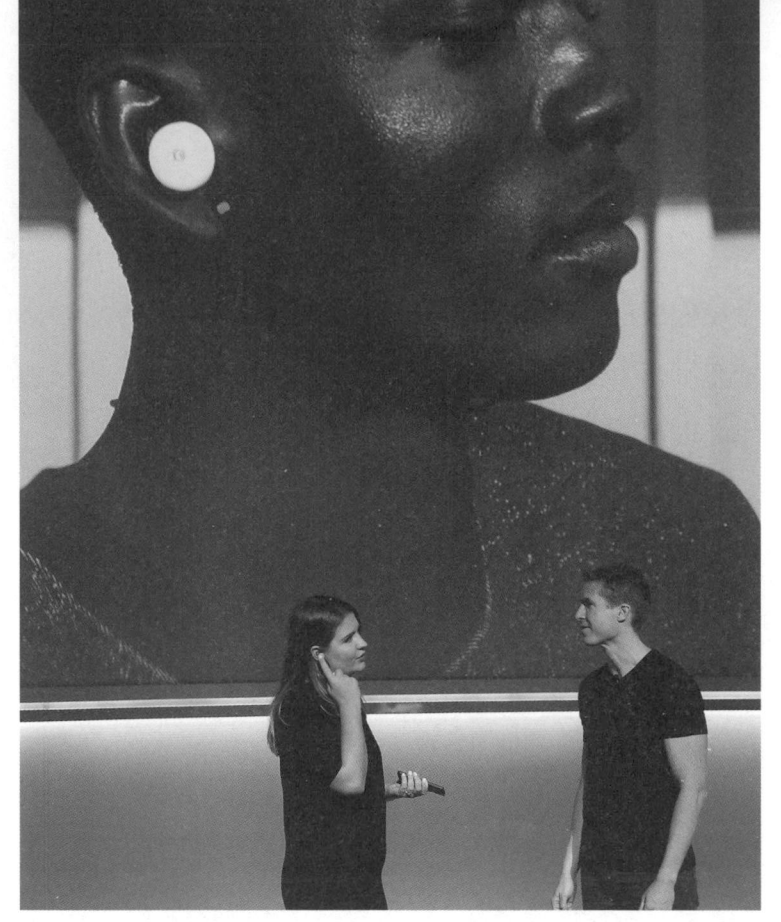

2017年，Google新產品「Google Pixel Buds」的發布會現場。
（達志影像）

時聽到翻譯後的中文；你用中文回答，對方會聽到英文！
有了這個東西，未來還有必要去上英文口語會話補習班
嗎？

　　我曾經一個人在摩洛哥旅行兩周。當地的官方語言是
阿拉伯語，上層人士說法語，底層民眾說柏柏語（Berber
languages），除了中文，我就只會一點英語，大多數時候

都無法進行語言交流。但是居然沒遇到一點困難,順利地把這個非洲國家玩了一圈,還在撒哈拉沙漠住了兩個晚上。這要感謝兩樣東西,一是遍及摩洛哥全國的3G網絡(感謝華為),可以隨時查當地交通和酒店的訊息,二是準確的地圖軟體,使我不用問路。

技術使得學好外語不再那麼重要了。對於多數人,這不啻是一個福音,因為外語學習非常耗費生命。

2004年,新加坡領導人李光耀承認了一個錯誤。獨立之初,他決定所有新加坡人不管智商如何,都要學習兩門語言,一門是英語,另一門是個人的母語(馬來語或漢語)。後來,他發現這個決定有大問題,熟練掌握兩門語言,對於人民的要求實在太高了。大多數人根本做不到雙語,哪怕學習多年英語,一開口還是結結巴巴,詞不達意。強迫所有人學英語,實在可能會浪費國民的生命。於是,這一年新加坡政府改變規定,只要求人民學習一門語言即可。

技術正變得比語言更重要

隨著外語培訓的重要性下降,我認為,培訓的重點將

轉為「技術培訓」。以前大家排隊去上外語補習班，將來會排隊去上技術補習班。

原因就是技術正變得比語言更重要。回到20年前，掌握流利的英語，你會比別人有更多的機會；如今，輪到了技術。誰掌握了技術，誰就擁有大把的機會。許多家長已經意識到了這一點，小朋友從小不僅要教ABC，還要教一點程式設計。

未來的形勢遠比我們想像的嚴峻，技術會取代愈來愈多的人工。展望未來，大部分人，甚至90%以上的人，終其一生只是在社會的底層掙扎，拿著小康或比溫飽線略高的工資。

只有技術，才有可能讓你翻身。比特幣就是一個例子，過去幾年中，價格上漲了幾百萬倍。我知道的許多技術人都通過比特幣發了財，而這只是技術帶來的財富

浪潮之中的一個突出案例。如果你瞭解技術，你就會看到有這樣的機會。現在看上去，只有技術才能提供這樣的從底層快速上升的機會。

我有一種悲觀的預感。未來只有兩種途徑可以改變人生，一種是學習技術，另一種是購買彩券。●

未來篇

5

……那個時候
你的鞋子裡內置晶片的電子元件數量，
都比你的腦細胞還多。
你穿的鞋子都比你聰明。

高級人類的崛起

除了人工智慧，2016年還有一項技術取得了重大突破，對人類的影響可能更大。

這就是基因編輯技術：CRISPR/Cas9。

2016年4月，《自然》期刊發表論文，宣布發現了史上最簡單方便的編輯基因的方法。

2016年9月，德國科學家使用該技術修補癌症基因，真正意義上做到了預防某些癌症。

2016年10月，大陸的成都市華西醫科大學開展世界首例人體臨床試驗，將經過基因編輯的細胞，注射到一名肺癌病人體內，該病人已到癌症末期，其他療法都無效了。

基因編輯技術CRISPR可以修剪DNA、替換或修改基因，精確度極高，相比以前的方法，效率大幅提高，成本則大幅降低。現在能做到像編輯照片像素那樣編輯基因。

很多人認為，這是近十年來，生物學界最大的科研成果。

可改變的基因

為了理解這項技術帶給人類的深遠影響，讓我先簡單介紹一下什麼是基因。

生物細胞裡面都有染色體。一個染色體就是一個 DNA 分子，包含了遺傳訊息。你是老鼠還是人，完全由 DNA 決定。如果有一種技術，可以把老鼠的 DNA 換成人的 DNA，老鼠就可以變成人了。幸好沒有這種技術。

你可能會問，既然 DNA 決定了人和老鼠的差異，那麼人與人的差異是什麼決定的呢？

答案是基因。基因是 DNA 片斷，決定了一個人的各種生理特徵。你的身高、長相、血型、是不是色盲或左撇子，會不會早老性癡呆，都由基因決定。人的 DNA 大約包含5萬到10萬個基因。

自己無法選擇基因，那是先天決定的，大部分遺傳自父母，還有一小部分來自基因突變。基因並不總是好的，有些基因會導致先天性生理缺陷，或者遺傳病。

CRISPR 技術使得人類可以改變基因了，這裡擦掉一

點，那裡加上一筆，讓生物更符合人類的需要。下面是一些已知的案例：

美國科學家培育出一種不長角的奶牛，產奶性能優良，但是不長牛角，因此不會傷人。[1]

哈佛大學正在計劃從冰凍的猛獸遺體提取基因，與亞洲象的胚胎基因拼接，培養出一只有猛獸特徵的大象。據說兩三年內就能實現，復活恐龍也不再遙遠。[2]

還有一個計劃，要改造雄蚊子的基因，使其失去繁育能力，相當於把它閹了，從而可能使得蚊子滅絕。[3]

上面這些例子都是「轉基因動物」，但是大家心裡都清楚，這項技術的主要用途是「轉基因人」。

美國影星安潔莉娜‧裘莉，因為家族遺傳，攜帶乳腺癌基因，她的母親就死於這種癌症。她沒辦法，只能在38歲時切除了整個乳腺。如果有了基因編輯技術，在胚胎時期刪掉致病基因，就沒有這個問題了。

---

1 請參照：http://news.bioon.com/article/6698579.html
2 請參照：http://news.bioon.com/article/6698345.html
3 請參照：http://news.bioon.com/article/6678594.html

愛滋病也是如此，如果刪除了愛滋病基因，人類就有可能擺脫愛滋病的威脅。

2017年2月15日，美國國家科學院發表報告：「應該允許科學家修改人類胚胎，以消除鐮狀細胞性貧血等毀滅性遺傳疾病。」

2017年7月，第一例經過基因編輯的人類胚胎[4]，已經在美國實驗室完成了。

先天除害 vs. 後天增強

問題是除了「治療性編輯」，還有「增強性編輯」（改造基因讓人類變得更完美）：肥胖基因、脫髮基因、近視眼基因，這些都可以刪除。那些跟感知能力相關的基因，則可以增強，讓視力和聽覺變得更敏銳，記憶力變得更好。

科學界的主流意見是禁止增強性編輯，反對人為創造出一個更優秀的人種。但是這種反對恐怕難以如願，如果

---

4 請參照：https://www.technologyreview.com/s/608350/first-human-embryos-edited-in-us

可以讓人變得更好，為什麼不做呢？活得更長、老得更慢、病得更少，是人類長久以來的夢想，現在終於有辦法實現了，為什麼要禁止呢！何況有時也很難分清治療性編輯和增強性編輯：減少中年男子的脫髮，到底是治療還是增強，或者兩者兼有？

就算通過法律，禁止增強性編輯，其實也禁不了。Ａ國禁止了。可以到Ｂ國做手術。即使全世界都禁止了，只要能賺錢，也會有瘋狂科學家在地下室裡做。

增強性編輯的真正問題在於，如果一些人轉了基因，另一些人沒轉，前者就會比後者多了競爭優勢。

基因階級

愈早編輯基因，效果愈好。先天性的基因缺陷，應該在胚胎或受精卵時期，就接受基因編輯。人類的胚胎將來一定會進行「基因優化」，沒人想生下有缺陷的孩子，或者競爭力不如人的孩子。

問題就出在這裡，不是每個人都有錢進行基因編輯。大部分人負擔不起這筆費用，至少目前是這樣。只有那些有錢人才能進行基因編輯。

請想像這樣一種情況：<u>上層社會的人們利用基因編輯</u><u>技術，創造自己的生理優勢，刪除生理劣勢。從胚胎開</u><u>始，他們就擁有更好的基因</u>，智力更發達、容貌更俊美，<u>體格更健康，再加上後天的悉心培養，良好的營養和教育</u><u>投入，以及家族在事業上的幫助，很容易就能取得人生成</u><u>功，控制社會資源，普通人將難以與他們競爭。</u>

他們會形成自己的圈子和階層。最終，社會分裂成兩種人：<u>一種是普通人</u>（基因沒有優化過），另一種是<u>高級</u><u>人類</u>（基因經過優化）。前者智力平平，長相平庸，體格矮小，無論在形體還是能力上，都比後者遜色。

無懈可擊的淘汰賽

古代的貴族只是在地位、權力、財富上優於其他人，生理上並無不同。資產階級革命提出人類生而平等的口號，但是這種假設現在不成立了。富裕階層已經有能力編輯基因，在體能和智能上優於其他人，

一旦人與人在生理上不平等，那麼社會就將大變。這跟以前政治經濟的不平等，有著本質的區別。人類將是歷史上第一種生物，能夠自己在內部創造出生物學意義上更

高等的種類[5]。可以想像，經過幾代人的基因編輯的累積，底層的人們將全面落後於上層社會，毫無翻身的希望，等待他們的又會是什麼命運呢？

　　有一點是肯定的，那就是上層社會還會進一步分化，其中相對沒錢的那部分人，慢慢會變成新的下等階層。最終，整個社會的金字塔頂端，只有很少的一部分人，他們有著最完美的、編輯得無可挑剔的基因。　●

5 請參照：https://www.theguardian.com/science/2016/dec/02/kazuo-ishiguro-were-coming-close-to-the-point-where-we-can-create-people-who-are-superior-to-others

換頭術

　　我讀過一本醫學暢銷書《凝視死亡：一位外科醫師
對衰老與死亡的思索》（Being Mortal: Medicine and What
Matters in the End），作者是美國醫生葛文德（Atul Ga-
wande）。

　　他的一個觀點，令我印象深刻。他說，醫學的進步改
變了人們對於死亡的看法。人們不再把死亡當作不可避免
的自然結果，而是歸因於某種技術失敗。某個治療步驟出
錯了，或者技術還不夠好，所以病人死了。

　　愈來愈多的人相信，死亡的原因是技術缺陷，而不是預
料之中的事。死亡證明書的診斷結論，不會寫死於老年，總
是寫著某種最終的近似原因——例如呼吸衰竭，或者心搏停
止。

　　既然死亡是種技術失敗，而技術問題總可以用更好的

技術解決，所以人們逐漸形成一種觀念：衰老和死亡只有在反常的情況下才會發生，正常情況下是可以治療和延遲的：

　　新聞媒體經常炫耀某個97歲的老人跑馬拉松的故事，彷彿類似事例不是生物學奇蹟，而是對所有人的合理期待。然後呢？當我們的身體不能滿足這種幻覺時，我們就覺得好像需要為此感到慚愧 。

人造器官

　　我一直無法忘懷這個觀點，技術是否可以阻止死亡？如果技術變得無比先進，人類是否真能將死亡推遲得足夠久，活到200歲呢？

　　我愈來愈覺得，這是很有可能的。未來人類的壽命也許非常長，遠超過自然的生理極限。

　　延長壽命的關鍵是什麼？我認為主要就是一點：克服器官老化和衰竭，方法就是器官移植。目前，器官移植的成功率正變得愈來愈高，愈來愈多的器官可以移植。肺癌就換肺，肝癌就換肝，冠心病就換心，都有辦法救回來。

臺北市長柯文哲曾經是台大醫院的外科醫生，在一次演講中，講過兩個他親手處理的病例。一個女孩九天沒有心跳，全靠體外循環維持生命，最後還是撐到心臟移植，活了過來；另一個病例更厲害，心臟由於嚴重的細菌感染都爛了，只好拿掉，沒心臟撐了16天，心臟移植以後也活了下來。

隨著手術技術的成熟、抗排異藥物的完善、人造器官的出現，可以想像，未來的器官移植終將像拔牙那樣簡單易行、安全可靠。

換腦可行嗎？

目前為止，只有一個器官，從來沒有人嘗試過移植，那就是腦袋。

醫學上，死亡的定義就是腦死亡。也就是說，如果大腦死了，就算身體的其他部分還活著（心臟還在跳動），這個人也是死了。反過來說，如果其他部分壞死了，但是大腦還有意識，那麼這個人就是還活著。

大部分人死的時候，大腦的功能其實都是好的，思維依然敏捷，就是身體的其他部分不行了，導致大腦養分供

不上，於是先陷入昏迷，然後再死亡。

如果頭部移植可以成功，那麼人的壽命就會有本質的提高。軀幹不行了，腦袋就移植到另一個軀幹上，於是就可以接著活。

頭部移植的難度無疑是極高的，血管和神經都要正確連接。一個人的大腦如何指揮另一具身體，沒有人知道能不能實現。但是，技術是那麼地不可思議，我覺得沒有理由懷疑可能性，未來一定可以做到頭部移植。

事實上，1970年就有人嘗試，讓一隻猴子的腦袋移植到另一隻猴子身上。手術後猴子活了三天，被認為實驗成功。

迄今為止，人的頭部移植還沒有實驗過。有一位意大利神經科醫生卡納韋羅（Sergio Canavero）宣稱2017年底前，就要完成第一例頭部移植手術。他還宣稱，已經在一條狗身上實驗成功，將脊髓神經跟大腦連接起來，讓這條癱瘓的狗重新恢復了行動能力。

他還找到了一位俄國志願者，此人患有退化性疾病，不能行走，不能照料自己，類似已故英國物理學家霍金的情況，因此願意割下自己的腦袋，讓醫生安裝在另一具軀體上。

卡納韋羅醫生聲稱，手術的第一步將是冰凍大腦和身體，阻止腦細胞死亡。然後切開脖子，將關鍵的動脈和靜脈連接到管子上。在進行移植之前將切斷患者的脊椎。當肌肉和血液供給成功連接之後，病人將會昏迷一個月時間以限制新移植頭顱的活動，同時將通過電刺激讓脊椎新連接得到強化。這位野心勃勃的醫生相信，物理療法將讓接受頭部移植手術的病人在一年內下床走路。

醫學界普遍不相信這個實驗，認為這不過是另一場偽科學的鬧劇。但是，沒有一個科學家說，頭部移植是絕對不可能的。

人，靈魂與機器

展望未來，幾乎可以肯定，人類將不再是純自然的產物，很可能一部分器官和肢體是自然的，另一部分是人工合成材料。這既是為了替換壞掉的器官，也可能是為了追求更強的功能，比如安裝電動的碳纖維假肢，老年人就可以健步如飛，登高山如履平地。

美國發明家、《奇點臨近》（The Singularity Is Near:

When Humans Transcend Biology）的作者、Google 的工程總監雷蒙德・庫茲維爾（Raymond Kurzweil）說過一句著名的話：

雖然我像別人一樣熱愛自己的身體，但是如果我能依靠矽基材料活上 200 歲，我會毫不猶豫地放棄肉體。

未來，器官移植和換頭術一旦成熟，人的壽命可能會翻倍增加。那時，只要保住腦袋就可以，其他部分就不太重要了，因為可以換。動畫《飛出個未來》（Futurama）裡面，人甚至連軀體都不需要了，就是一個頭安裝在底座上那樣活著。

到了那個地步，人與機器就將合為一體：機器給了人更長的壽命，人給了機器靈魂。●

你的鞋都比你聰明

2017年2月，世界移動通訊大會（MWC）在西班牙巴塞隆那召開，該年的演講嘉賓是日本首富軟銀集團的CEO孫正義。

他的演講主題是〈為什麼人工智慧肯定會超越人類〉。他提到，人類的智力是一個正態分佈，「IQ測試」假設平均智力是100，標準差是15，因此95%的人的智商在正負兩個標準差範圍內（即70～130）。愛因斯坦的智商可以達到190，也就是六個標準差，這意味著他比99.99966%的人都要聰明。但是從整體來看，人類的智能是有限的。

人類的智能也幾乎固定不變，不會隨著時間發展，很難說現代人就比古人聰明，未來的人也未必更聰明。因為智力的生理基礎是大腦，人的腦容量只有1300多毫升，包含了300億個神經元細胞。一萬多年前就是如此，再過一萬年，大腦可能還是這樣大小，不太可能愈

長愈大。

人工智慧的基礎是大規模集成電路（積體電路），指甲大小（1平方釐米）的晶片，可以集成上百萬個電子元件。有人預測，這個數字每過兩年就翻一倍。孫正義的預測是，30年後的集成電路，電子元件將是現在的100萬倍，即1萬億個！相比大腦的神經元細胞（300億個），他的結論是，人工智慧大約在2018年就能達到人類的智力，30年後的2047年，人工智慧的IQ將達到10,000。

你想想，那個時候你的鞋子裡內置晶片的電子元件數量，都比你的腦細胞還多。你穿的鞋子都比你聰明。

聰明的鞋

孫正義出身底層，祖父是從韓國大邱移民至日本當礦工的朝鮮人。他的巨額財富來自對於未來的準確判斷和投資。他早期曾經投資過思科和雅虎，都發了大財。1999年，他遇到了馬雲，只談了六分鐘，就決定投資2000萬美元，成了阿里巴巴最大股東，這筆錢的回報率後來超過

2500倍。

如果這一次孫正義依然正確，那麼未來不僅僅是鞋子，你的住宅、汽車、手錶、馬桶等，所有可以裝上晶片的東西都會比你聰明。孫正義說，他的錢都投資在三個領域——人工智慧、物聯網和智能機器人——賭這個預言一定成真。

實際上，「智能鞋子」已經上市了，內置晶片，「搭載六軸傳感器，可以測量日常步數、里程、消耗等數據，在開啟跑步模式後，還可計算並記錄跑步過程中前掌著地、觸地時長和騰空比例的專業運動數據，根據這些數據實時調整運動方式方法」。還有的鞋子會自動綁鞋帶，「用戶穿上時，會啟動腳後跟的傳感器，運動鞋就開始自動調整鬆緊」。

現在的鞋就這麼先進了，再過30年，它們會變成什麼樣？

算法刻劃的你

我們周圍的所有東西，以後都會裝上傳感器和晶片，都會具備智能，比人類更聰明。現在已經有了智慧型手

機、智能電視機、智能手錶、智能電鍋、智能牙刷、智能內衣……這樣的智能產品將會愈來愈多。

它們收集和處理各種數據，到頭來變得比你更瞭解你。你還記得上個月的今天，你去了哪裡，停留了多久，遇到誰，吃了什麼嗎？你每天幾點入睡，每分鐘的心跳是多少，有沒有做夢？它們都知道。

這些海量的數據，經過統計學處理，就可以精確地刻畫你，發現你最有可能的行為是什麼。更重要的是，它們還會自動替你做出最優決策。要是你不知道下一步走哪條路，就讓你的鞋做決定好了。

以 GPS 導航為例，開車去市中心，根本不用自己選路線，導航軟體早就選好了。就算很熟悉道路，你最好還是聽從軟體的安排，因為軟體比你掌握更多的訊息。有一回，我坐出租車去火車站，那位司機發現軟體給出的路線不是最近的，便自做主張抄近路，沒料到遇上有一段單行道正在施工，根本走不通。

這只是一個小例子：軟體的選擇優於你的選擇。以後不僅僅是路線，所有的決定都將是軟體替你來做。

又比如你想晚上去鍛煉身體，是該上健身房好，還是到馬路慢跑好？你的鞋就會告訴你，慢跑比較好，因為天

氣晴朗，風力適中，公共綠地裡面的櫻花開了，一路上可以聞到香氣，而且你的居住區正在流行感冒，健身房裡面被感染的可能性大於40%。

再比如公司聚會，你不知道該找誰聊天，但是你的鞋知道。經過分析社交網站的資料，發現你與張小姐的愛好相似，你們上一周還看過相同的電影，碰巧她還是單身，於是你的鞋建議你走向張小姐，互相認識一下。

機器比你聰明，知道你的DNA，瞭解你每頓飯攝取的熱量，它比你更瞭解你，還瞭解其他相關訊息，那麼最優決策就是自己不要決策了，都聽從機器的安排。它的決策才是對你最有利的決策。

如果將來都是人工智慧代替人在決策，那麼個人、個性、自我這些詞就沒多大意義了。古希臘神廟刻著一行字，「認識你自己」；蘋果公司共同創辦人賈伯斯說，「你要聽從內心的聲音」──看來這些都不必要了。

算法刻畫的你，才是真正的你。《人類大命運》（簡體中文版書名叫《未來簡史》）這本書裡面就說：

　　別再浪費時間研究哲學、冥想或精神分析，你應該系統性地收集自己的生物統計數據，允許算法為你分析這些數

據，告訴你你是誰、該做些什麼。

曾經有一本暢銷書《內向者優勢》，解釋了內向和外向根本不是性格問題，而是生理問題。內向者的「多巴胺」分泌比較少，在公開場合容易產生疲倦，而外向者的多巴胺分泌比較多，人愈多愈容易興奮。

將來，人工智慧會精確知道每一類活動的多巴胺指數，選出最合適你的活動，這比你自己選擇可靠多了。

試錯不等於「認識」

以前，人們認為，「智能」和「意識」差不多是同義詞，不能獨立存在，只有具備意識的生物才可能具備智能。

人工智慧的興起，使得這種想法不成立了。智能完全可以不需要意識，獨立存在。

沒有意識的機器，也可以具備智能。這種無意識的智能，依靠的不是認知，而是模式匹配。我新買了一台掃地機器人，它對我家的房型一清二楚，根本不會撞牆。原因不是它意識到那裡有牆，而是經過第一天的反

覆試錯以後，它記住了那裡沒有路。再比如，機器能夠認出照片裡的鳥，不是因為它認識鳥，而是因為它發現這個形狀可以與數據庫裡面鳥的形狀匹配。

意識與智能的分離，最受企業歡迎。<u>因為企業需要的是智能，而不是意識</u>。員工如果能夠減少個人意識，增加更多的生產線上的智能，就能更符合企業的需要。

你的鞋一天天變得更加智能，由於不用決策了，你本人的智能高低也就不重要了，你的自我意識也會變得淡漠，因為發展個性的結果，無非就是變成你的鞋預測你將會成為的樣子。

最終來說，人工智慧不僅取代了一部分人的智能，還將使得人們缺乏個人意識，不知道自己主張什麼，想要什麼，因為軟體都替你安排好了。民主制度可能也不必要了，因為一人一票的公民投票有一個前提：每個人知道自己想要什麼。●

技術的邊界

有一年，網上流傳一則趣聞。

　　美國聖昆廷（San Quentin）州立監獄安排囚犯學習程式設計，完成學習的犯人出獄後，沒有一個人重新犯罪被抓回監獄。

　　一位剛剛出獄的囚犯說：「太可怕了，我寧願在外面餓死也不想再進去學程式了。」

　　後面那句話是網友杜撰的，但是軟體工程師圈子裡，大家依然把它當作笑話轉發。「你看，編程多痛苦，還不如坐牢呢。」

　　我一直忘不了這個笑話，覺得它是一個很好的象徵：當代社會就像一座機器組成的監獄，學會技術可以擺脫牢房。

我們已經不懂技術如何達成這一切

　　人類已經不再生活在大自然裡了，而是生活在一種機器環境中：住宅、交通、醫療、食物⋯⋯就連水和空氣都是機器提供的。如果機器出故障，人類頓時就有危機。就像病人依賴呼吸機和心臟起搏器，人類也依賴著機器。整個社會已經機器化了。

　　這沒有問題，我們理應享受技術成果。問題是，技術正變得愈來愈先進，也愈來愈難懂，大多數人已經不能夠理解技術了。

　　多少人能說清楚，手機通訊的原理是什麼：為什麼對著空氣發送訊號，就能被幾千公里以外的另一個人即時收到，而不會發錯對象？或者，為什麼掃瞄手機二維碼，你的資金就轉到了商家的帳上？

　　我們已經不懂了，技術如何達成這一切。我們只是按照別人設計好的方式，像傻瓜一樣地使用它。對於大多數人來說，技術已經成了一種魔法。我們使用技術，然後像看魔法一樣，看著機器變出神奇的結果。甚至由於熟視無睹，我們都不感到驚奇了。

　　我們其實已經生活在一個魔法世界裡面，享受著各種

技術發明，它們的神奇程度是最大膽的想像力都沒有預測到的。

小時候，我讀過的第一本科幻小說是《小靈通漫遊未來》。書裡說，未來的人們都帶著一種神奇的手錶：

那手錶既沒有時針、分針、秒針，也沒有齒輪和發條，只不過是一塊小小的電視螢光幕，上面寫著幾個數字，11:23:40，也就是11時23分40秒，那表示秒的數字在不斷變化。當40秒變成60秒時，那23分也一下子變成了24分。
我想，居然會有這樣奇妙的手錶？

這是前一代人想像中的未來，現在看上去顯得非常過時。

技術的進步速度，遠遠超過人們的想像。我們生活在一個機器世界裡，但又不懂這些機器，這是一種怎樣的處境？現在的模式是，我們花錢購買服務，讓懂的人或公司來操作和維護機器。但是，如果有一天，你請不到人，或者機器索性壞了，你不就困在了機器組成的監獄裡了嗎？

　　我媽媽剛開始上網時，有一個問題讓她很困惑：為什麼網站要求輸入用戶名和密碼，這是什麼東西？

　　她問我：「用戶名就是身份證上的名字嗎？密碼是不是身份證號？」我跟她解釋：「網站通過用戶名才能知道你是誰，密碼則是為了防止別人冒充你。它們都可以自己設定。」我媽似懂非懂，為什麼要自己為自己起名呢……

　　我媽有了「用戶名」以後，可以自己在「某寶」購物網站上買東西了。過了一陣子，她來找我，說用戶名不管用了。我過去一看，原來她用這個名字在「某東」購物網站登錄，怎麼都登錄不上去。她不太明白，為什麼在一個網站申請了用戶名，到另一個網站就必須再申請一次？

　　我有時想，等到了我媽的年齡，我是否也會對那時的新技術一頭霧水，像看天書一樣，不懂如何使用。

　　現在的中國大陸大城市，在上下班尖峰時段，有時你有錢也攔不到出租車，必須使用手機App才能叫到車。這對於那些不會使用那些「App叫車」的老年人，真是一種磨難。這就是我們所有人的處境：如果你不理解技術，不會使用它，就麻煩了。

我們的社會已經如此依賴技術，為了適應外界，你至少要知道如何使用它。糟糕的是，技術已經變得如此複雜，沒有人能夠全部搞懂。系統愈來愈複雜，分工愈來愈細，一個人已經不可能從頭到尾掌握整個系統了。

就拿電腦計算機來說，從底層CPU晶片一直到上層的圖形界面，中間大概依次有幾十層（甚至上百層）的操作接口，要想全部掌握這些層，幾乎是不可能的。有人總結過，單單是「網站搜尋」這個簡單操作，中間就有24個環節。也就是說，你要搞懂這個操作，就有這麼多東西要學習。

現在的情況是：沒人能夠理解全部技術，每個人只懂自己的那一小塊。根本無法預測和判斷，某個領域的技術發展會引起整個系統怎樣的變化。五年規劃或十年規劃那種整體的準確安排和控制，就更談不上了。

技術已經到了這樣一個地步：我們走一步看一步，誰也不知道十年後，技術會突破到什麼程度。

終極智能

技術最終會把人類帶到哪裡呢？

　　我想我們已經完全不知道了。人類一項又一項地發明新技術，對於新技術帶來的後果，已經失去了控制，聽任它帶著我們向前走。

　　小說《冰與火之歌》裡面，寒冷的北方有一道絕境長城。外面就是危險地帶，任何人不得跨越。我最近常想，技術有沒有邊界呢？一旦接近「絕境長城」，我們會自覺停在那裡，不再往下發展嗎？

　　舉例來說，人工智慧領域有一個概念，叫作「終極智能」。意思是，當機器的智能達到這種程度時，就不需要人類再做發明創造了，因為機器自己就會發明創造。如果這種「終極智能」真的可能實現，技術要不要去實現它呢？

　　目前來看，技術完全是野蠻生長，沒有辦法遏制它的發展。哪怕某種技術最終給人類帶來毀滅性影響，我們也無能為力。只要技術有能力做到的事情，最終都會做到。人類（嚴格地說是某些人）最終將擁有可怕的力量。

　　現在的技術發展，好比隨意地往花盆裡面扔種子。原意是種花，但是長出來的可能是一棵樹，完全超過了花盆的容量。我們能做的，就是看著它長啊長。一旦植物長得太大，超過了花盆所能承受的重量，整個花盆就將傾覆。

技術發達的不歸路

最後，我想到了另一個笑話。

一架飛機即將起飛，裡面坐的都是各大軟體公司的老闆。這時，機長問了他們一個問題：如果這架飛機的控制軟體是你的公司寫的，你還敢坐嗎？

除了一個人，其他人都表示不敢坐。唯一那位願意繼續留在飛機上的乘客，機長走到他的面前，欽佩地說：「看來您對自己公司的軟體非常有信心。」那位老闆搖搖頭：「不是啦，我很清楚，如果你們用了我們的軟體，這架飛機根本飛不起來。」

第一次聽到的時候，我的反應是這不是笑話。一架民航客機有100多噸重，就懸浮在空中，上不著天，下不著地，機上乘客的性命完全取決於技術，我們其實真的是把生命託付給了軟體公司。

如今，我的這種想法更強烈了。它其實是一個隱喻，整個人類正坐在一架軟體駕駛的飛機裡面，只能祈禱軟體運行永遠不發生錯誤。一旦發生問題，人類就會墜機。

物理學告訴我們，要想讓飛機在高空不掉下來，就必須高速前進，不能夠失去速度。技術也是如此，為了讓現

有的技術更可靠，只有發展更先進的技術。人類已經走上了一條無法回頭的道路，只能加速，無法減速。

　　一個依賴技術的高科技、高度自動化的社會，也是一個非常脆弱的社會。有人說，一旦出現危機（比如全球變暖或戰爭），人類就會減緩（甚至凍結）技術發展的速度。錯！危機只會進一步加速技術發展，而不會減緩。技術的危機只能用更好的技術解決，否則人類社會就有立刻崩潰的危險。但是，高速公路上不能剎車，那意味著什麼？

　　20世紀初，美國經濟學家熊彼得（Joseph A. Schumpeter）說過一句名言：「資本主義經濟最終將因為無法承受其快速膨脹帶來的能量，而崩潰於自身的規模。」我覺得，技術可能也是如此，高速發展所蘊含的巨大能量，最終將把人類社會帶到難以預測的脆弱狀態。　●

熵：宇宙的終極規則

有人曾經問我：「成年後，有沒有書籍改變過你的世界觀？」

我想了想，還真有這樣的書。那時，我已經工作好幾年了，偶然在圖書館翻到一本舊書《熵：一種新的世界觀》（Entropy: A New World View）。

那本書是科普著作，介紹物理學概念「熵」。中學畢業後，我再沒有碰過物理學，但是沒想到讀完以後，我看待世界的眼光都變了。

「熵」這個概念非常簡單，很容易理解，但又異常強大，可以解釋很多事情。這篇文章，我就來談談，為什麼你應該懂得熵是什麼，它可能也會改變你的世界觀。

熱力學第二定律

為了理解熵，必須講一點物理學。

　　19世紀，物理學家開始認識到，世界的動力是能量，並且提出「能量守恆定律」，即能量的總和是不變的。但是，有一個現象讓他們很困惑。

　　物理學家發現，能量無法百分百地轉換。比如，蒸汽機使用的是熱能，將其轉換為推動機器的機械能。這個過程中，總是有一些熱能損耗掉，無法完全轉變為機械能。

　　一開始，物理學家以為是技術水平不高導致的，但後來發現，技術再進步，也無法將能量損耗降到零。他們就將那些在能量轉換過程中浪費掉的、無法再利用的能量稱為熵。

　　後來，這個概念被總結成了「熱力學第二定律」：能量轉換總是會產生熵，如果是封閉系統，所有能量最終都會變成熵。

　　熵既然是能量，為什麼無法利用？它又是怎麼產生的？為什麼所有能量最後都會變成熵？這些問題我想了很久。

　　物理學家有很多種解釋，有一種我覺得最容易懂：能量轉換的時候，大部分能量會轉換成預先設定的狀態，比如熱能變成機械能、電能變成光能。但是，就像細胞突變那樣，還有一部分能量會生成新的狀態。這部分能量就是

熵，由於狀態不同，所以很難利用，除非外部注入新的能量，專門處理熵。

總之，能量轉換會創造出新的狀態，熵就是進入這些狀態的能量。

愈來愈有秩序的假象

現在請大家思考：這種狀態多意味著什麼？

狀態多，就是可能性多，表示比較混亂；狀態少，就是可能性少，相對來說就比較有秩序。因此，上面結論的另一種表達是：能量轉換會讓系統的混亂度增加，熵就是系統的混亂度。

轉換的能量愈大，創造出來的新狀態就會愈多。高能量系統不如低能量系統穩定，不僅因為前者更容易發生能量轉換，而且還因為在轉化過程中會創造出更多的狀態（即更多的熵）。而且，凡是運動的系統都會有能量轉換，熱力學第二定律就是在說，所有封閉系統最終都會趨向混亂度最大的狀態，除非外部注入能量。

熵讓我理解了一件事，如果不施加外力影響，事物永遠向著更混亂的狀態發展。比如，房間如果沒人打掃，只

會愈來愈亂,不可能愈來愈乾淨。

為什麼「世間好物不堅牢,彩雲易散琉璃脆」?就是因為事物維持美好的狀態是需要能量的,如果沒有能量輸入,美好的狀態就會結束。

這就是我世界觀的變化。我從此認識到,人類社會並非一定會變得更進步、更文明。相反地,人類如同宇宙的其他事物一樣,常態和最終命運一定是變得更混亂和無序。

過去五千年,人類文明的進步只是因為人類學會利用外部能量(牲畜、火種、水力等)。愈來愈多的能量注入,使得人類社會向著文明有序的方向發展。

從小,我受到的教育是「明天會更好」。現在我明白了,這句話是有條件的。正常情況下,明天其實會更糟,因為熵在累積,只有不斷注入新的能量處理熵,明天才會更好。

減熵

工業革命以後,人類社會的進步速度加快了,變得更加先進有序,消耗的能量也指數級地增長:水力不夠了用

煤炭，煤炭不夠了用石油，石油不夠了用核能。

能量消耗愈大，就會產生愈多的熵。因此，人類社會始終處於一種矛盾狀態：整個社會變得更加有序和嚴密的同時，無序和混亂也在暗處不斷滋長。

我們只是依靠更大的能量輸入，在壓制熵的累積。不斷增加的熵，正在各方面爆發出來：垃圾污染、地球變暖、土地沙化、PM2.5、物種滅絕……甚至心理疾病、孤獨感和疏離感的暴增，我認為都是熵的增加對人類精神造成的結果。

我們需要能量，讓世界變得有秩序，但這樣是有代價的。物理學告訴我們，沒有辦法消除熵和混亂，我們只是讓某些局部變得更有秩序，把混亂轉移到另一些領域。

人類社會正在加速發展。表面上，我們正在經歷一個減熵過程，一切變得愈來愈有秩序，自動化帶來了便捷。但是，能量消耗也在同步放大，為了解決愈來愈多的熵，我們不得不尋找更多的能量，這又導致熵的進一步增加，從而陷入惡性循環。

迄今為止，人類一直能夠找到足夠的能量，解決熵帶來的混亂。但是，這種解決方式正變得捉襟見肘。如果我們繼續像現在這樣加速發展，那麼終有一天會出現能量缺

口，地球上的能量不足以解決熵，那時一切就會發生逆轉，彷彿細小的裂縫演變成巨大的雪崩，秩序開始崩塌，世界走向混亂。 ●

● ● ● ● ● ● ● ○

技術決定歷史

　　大學時期，我的專業是世界經濟。這門專業需要學習《經濟史》，瞭解古代的人們怎麼賺錢和花錢。

　　《經濟史》的課程很有趣，讀完以後，看待歷史的眼光會不一樣。

　　以前，我覺得政治最重要，決定了歷史的變遷。學了《經濟史》，我認識到，經濟比政治更重要。政治人物只是舞臺上的演員，劇情走向早由經濟因素決定了。

迷人的經濟決定論

　　舉例來說，美國南北戰爭的根本原因就是經濟。北方發展製造業，缺乏雇工，迫切希望南方種植園釋放黑奴，讓他們到工廠裡面當工人。南方莊園主堅決不同意，一旦奴隸制度消失了，誰會願意忍受烈日高溫，到地裡採棉花？如果棉花種植成本大幅上漲，就無法向歐洲出口，莊

園主就會破產。

再比如，大明王朝的滅亡原因也是經濟。歷史學家黃仁宇指出[1]，明朝財政非常困難，根本無力抵抗各種入侵。在他看來：

明朝十六世紀的財稅困境，在於低下的稅收管理水平無法適應其極度複雜的稅收結構，導致了財政系統全國範圍內的混亂局面。而「奉行成例」的僵化思維又使任何有效的改革無法實行，從而使政府稅收長期不足，公共行政能力十分低下，無法有效地行使政府職能，最終導致災難性的後果。

很長一段日子，我都持有這種「經濟決定論」，進而沉迷於證券市場，相信「股市是經濟的晴雨表」。就這樣，浪費了很多時間。

後來，全球金融危機爆發，各國紛紛推出刺激經濟的政策。這件事讓我很困惑：經濟學已經有幾百年的歷史，早就成了一門「科學」，但是為什麼沒能防止（甚至都沒預測到）這麼大規模的經濟危機呢？

---

1 這部分論點出自黃仁宇著作《十六世紀明代中國之財政與稅收》。

危機爆發之後，經濟學家還在爭論不休，回答不了幾個最基本的問題：

（1）危機會持續多久？

（2）如何解決危機？

（3）類似的危機將來會不會再發生？

我對經濟學的信心，就是從那個時候開始動搖和崩潰的。

從石器到蒸汽機

求學期間，我學會了製作網頁，架設了個人網站。離開學校以後，更是親身感受到了，互聯網技術對整個社會和個人命運的巨大改變。

對我來說，技術變得比經濟學更有吸引力了。漸漸地，我不再閱讀經濟學書籍了，轉而大量閱讀技術書籍。

熟悉科技史以後，我看待歷史的觀點，再一次發生了巨大的變化。我現在認為，主導歷史的因素，短期（一年到幾年）是政治，中期（幾年到幾十年）是經濟，長期（幾

十年到幾百年）則是技術。

　　長期來看，政治和經濟都不太重要，影響不了趨勢，真正起決定性作用的是技術。政治和經濟只能改變資源的分配和價格，只有技術才能創造出新東西。政治和經濟只能使人類在平面上移動，只有技術才能使得人類向上提升，進入下一個階段。

　　我發現，人類的每一次大發展，都是技術推動的。

　　（1）石器時代，人類學會了加工石材，有了最基本的工具，可以定居生活了，進入了氏族社會。

　　（2）等到掌握了糧食生產技術，人類有了多餘的糧食，氏族就分化出了階層，產生了貴族和首領。

　　（3）鐵器時代，人類掌握了冶煉技術，能生產更好的農具和武器，擁有鐵器的氏族開始征服其他氏族，慢慢演變成封建王國。

　　（4）歐洲的封建時期有1000多年，中國有2000多年，為什麼會延續這麼長？就是因為這段時間，技術沒有重大突破。

　　（5）等到歐洲人掌握了造紙術和印刷術，新思想第一次可以廉價地大規模傳播（此前都是羊皮的手抄書，一般人看

不到），黑暗的中世紀因此終結，文藝復興開始，人類進入近代社會。

（6）火藥的出現，使得騎兵和城堡變得毫無作用，一小股軍隊就會擁有巨大的殺傷力，諸侯林立的歐洲開始統一為一個個民族國家，現代意義上的政府出現了。

（7）工業革命始於人類能夠製造蒸汽機，生產力提升了一個數量級，要求大規模的社會分工和交換，由此誕生了資本主義制度，直到今天。

總之，重大的新技術一旦出現，政治制度和經濟制度——不管主動或被動——最終都會為之重構，讓這項技術的威力發揮到最大。這就是為什麼技術是最終的決定因素，決定了人類社會的演變。

技術正加速重塑時代

今天，我們正身處最新一次，也是最大一次的技術革命：訊息技術革命。技術進步的速度日新月異，而且還在加速，這就註定了目前的人類社會也會隨之大變。

很多我們習以為常的事情，都已經完全改變了。15年

前，世界市值最大的前五大公司只有一家技術公司，今天已經全部是了。新技術創造了財富，財富也在流向技術。

中國企業界也是如此，2017年中國市值最大的公司，是香港上市的騰訊，第二名是美國上市的阿里巴巴。曾經的巨無霸——中國石油、工商銀行、中國移動——都被擠到後面去了。

時代已經變了，新人和新公司每天都在崛起，舊的公司和制度每天都在沒落。技術正在加速重塑人類社會。

以色列學者尤瓦爾·赫拉利在《人類大命運》一書中感歎：

現代科技已經讓人類擁有了超過遠古諸神的力量，我們的後代肯定將擁有神一樣的創造力和毀滅力。

我們並不知道眼前的道路會把我們引向何方，也不知道我們那些像神一般的後代會是什麼樣子。

正如他所說，我們正身處在一個前人從未有過的處境：技術讓人類這種渺小的生物，擁有了神一般的力量。這種力量會把我們帶到哪裡？完全不知道。

我的心情很矛盾。一方面，對未來的新技術，我感到

無比興奮和期待，就像推特上面一位網友所說的：

　　一想到我的壽命只有幾十年，我就感到特別難過。倒不是因為我害怕死亡，而是因為我將沒有機會看到，未來一千年中各種新奇有趣的新技術。

　　另一方面，我還有一種不好的預感。人類掌握的技術，已經強大到足以毀滅人類自身，在技術面前，普通人（大多數人都是普通人）已經沒有多大用處了。人類的歷史將會怎樣改變？這不禁令人充滿了在劫難逃的擔憂。●

卡辛斯基的警告

炸彈客

1978年5月25日，美國西北大學的工程教授巴克利·克利斯（Buckley Crist），收到了郵政局退回的一個包裹。

這個包裹寄往芝加哥大學，但是收件人「查無此人」。克利斯教授不記得寄過它，可是發件人卻寫著自己的名字。他叫來了學校的保安。保安打開了包裹，裡面是一顆炸彈，立刻爆炸了。保安身受重傷。

此後的18年，這樣的案件一再發生。兇手一共寄出了16枚郵件炸彈，共炸死3人，炸傷23人。襲擊對象主要是大學的理工科教授，所以兇手被稱為「大學炸彈客」（Unabomber）。

FBI 想盡辦法要抓住兇手。十幾年的調查中，動用了500名幹員，誤抓了200多名嫌疑犯，查訪上萬民眾，接了2萬多通檢舉電話，花費500萬美元，但是一無所獲。

兇手非常小心，沒有留下任何線索。這個案件成了 FBI 歷史上最昂貴的調查之一。

論文照登

1995年4月，兇手又一次作案，一次性寄出了四樣東西：兩個郵件炸彈，炸死了加州林業協會的總裁吉卜特‧莫里（Gilbert B. Murray），炸斷了耶魯大學計算機科學教授大衛‧加勒特（David Gelernter）的幾根手指；一封警告信，警告1993年諾貝爾獎獲得者遺傳學家理查‧羅伯茲（Richard J. Roberts）和菲利普‧夏普（Phillip Allen Sharp），要求他們立刻停止基因研究；還有一篇發給《紐約時報》的長達3.5萬字的文章，承諾如果美國主流媒體一字不改地全文刊登，他就將永久停止炸彈襲擊。

經過反覆研究，FBI 局長和美國司法部長最終同意刊登這篇文章。1995年9月19日，它發表在當天的《紐約時報》和《華盛頓郵報》上，題目叫作〈論工業社會及其未來〉（Industrial Society and Its Future）。

新聞界覺得不可思議，難道兇手用了18年時間，精心策劃實施了那麼多起爆炸案，目的竟然只是為了發表一

篇論文？更令人吃驚的是，這居然是一篇充滿思辨的哲學論文，作者明顯受過學術訓練。

該篇論文聲稱，<u>工業革命帶來的是人類的災難，技術使人類喪失自由，最終將導致社會的動盪甚至毀滅，人們應該摧毀現代工業體系</u>。這就是兇手襲擊大學教授的原因，因為他們推動了技術的發展。

看過的人都覺得，這篇論文很有說服力。許多人開始認真思考作者的觀點，主流的知識分子雜誌（比如《大西洋》月刊、《紐約客》雜誌）都專文討論它。

那位被炸斷手指的耶魯大學教授大衛・加勒特則承認，文章的推斷不無道理，工業文明時代，人類的未來，也許真的險惡重重。「Java程式語言」的發明人、計算機學家喬伊（Bill Joy）則說，他對文章預言的未來深感困擾。藝術家更是深受影響，後來的許多小說和電影（比如《駭客任務》），都能看到這篇論文的影子。

離群索居的天才

論文發表以後，FBI 收到一條線索。有人舉報，該文的寫作風格和論點，很像出自他的弟弟泰德・卡辛斯基

（Ted Kaczynski）之手。

1996年4月3日，卡辛斯基在美國蒙大拿州被逮捕，他住在遠離人群的荒野之中，自己搭建了一個小木屋，裡面堆滿了炸彈原料。至此，郵包炸彈案宣告破案。

卡辛斯基的人生很不尋常。他生於1942年，從小就具有超人的數學天才，16歲被哈佛大學數學系錄取。

1962年他進入密歇根大學攻讀數學博士，只用了幾個月就拿到了博士學位。指導教授說他的博士論文十分深奧，全美只有十幾個人能看懂。25歲時，他被加州大學伯克萊分校聘為助理教授，是該校史上最年輕的教授。

卡辛斯基在伯克萊只待了不到兩年就辭職了，沒有任何理由。他從此脫離學術界，過上了離群索居的生活。1971年，在父母的資助下，他在蒙大拿州一個偏僻的山區蓋了一間小木屋，搬到那裡去住了。屋子裡沒有電燈、電話、自來水。平日裡他吃自己種的菜、獵捕的食物，晚上點蠟燭看書，砍柴做飯取暖。

1978年，他在那裡寄出了第一個郵件炸彈，攻擊目標是在圖書館裡面隨機選擇的。

被捕後，卡辛斯基拒絕了律師為其辯護。1998年，他被判處終身監禁，不得保釋。

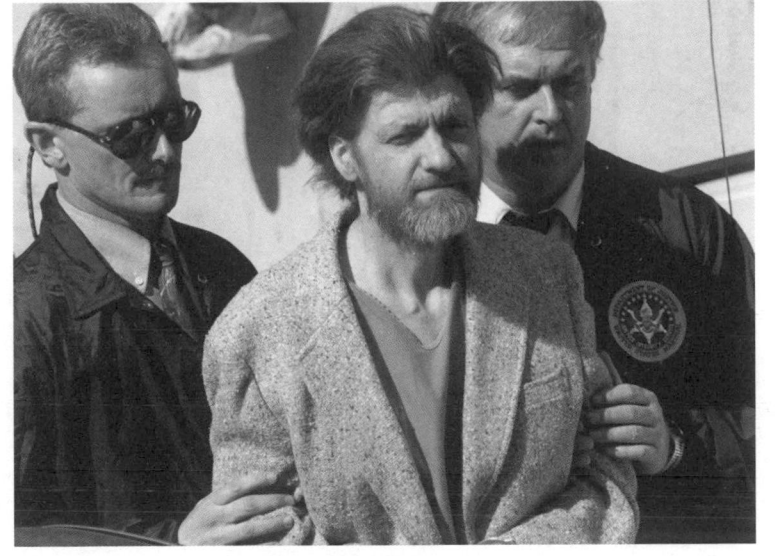

卡辛斯基被捕後，被提審前往法院應訊。
（達志影像）

技術文明的最後景象

《論工業社會及其未來》這篇論文值得細細閱讀，它
對人類現狀和未來的分析描述，是非常震撼的。

關於人類的現狀，作者的第一句話就是：「工業文明
帶給人類的是極大的災難。」

工業文明極大地延長了發達國家的人口預期壽命，但也

破壞了社會的穩定性，令生活空虛無謂，剝奪了人類的尊嚴，導致了心理疾病的擴散，還嚴重地破壞了自然界。

許多人認為，新技術帶給人類更大的自由，卡辛斯基的觀點正好相反，他認為新技術會剝奪人類的自由。「自由與技術進步不相容，技術愈進步，自由愈後退」：

新技術改變社會，最後人們會發現，自己將被強制去使用它。比如，自從有了汽車，城市的佈局發生了很大改變，大多數人的住宅已經不在工作場所、購物區和娛樂區的步行距離之內，他們不得不依賴汽車。人們不再擁有不使用新技術的自由了。

一項新技術誕生後，不太可能被拒絕使用，因為「每一項新技術單獨考慮都是可取的」，然後人類就會依賴它：

電力、下水道、無線電話……一個人怎麼能反對這些東西呢？怎麼能反對數不清的技術進步呢？所有的新技術匯總到一起，就創造出了這樣一個世界。在這個世界中，普通人

的命運不再掌握在他自己手中，而是掌握在政客、公司主管、技術人員和官僚手中。以遺傳工程為例。很少人會反對消滅某種遺傳病的基因技術，但是大量的基因修改，會使人變成一種人工設計製造的產品，而不是自然的創造物。

以基因技術為例，如果這種技術變得成熟和普及，那麼政府將不得不管制這種技術，因為萬一被濫用，後果不堪設想。這樣的話，個人就沒有選擇，只能接受政府管制，其程度將是前所未有的，因為政府將可以管到你的基因結構。

工業社會要想正常運作，必須遵循一整套嚴格的規則，這導致「現代人都被一張規則之網所籠罩，在所有重要方面，個人的行為都必須服從這些規則」。這導致所有人在本質上都高度類似：

今天，在技術發達地區，人們的生活方式十分相像。芝加哥的一個基督教銀行職員，東京的一個佛教銀行職員，莫斯科的一個國有銀行職員，他們彼此之間的日常生活十分相像，而他們的生活與1000年以前人們的生活卻非常不同。這就是技術進步的結果……

最終，「技術完全控制地球上的一切，人類自由基本上將不復存在，因為個人無法對抗用超級技術武裝起來的大型組織。只有極少數人握有真正的權力，但甚至就連他們的自由也是十分有限的，因為他們的行為也是受到管制的。」

當人們已不能把機器關上

喪失自由還不是最可怕的，更糟糕的是，技術最終將取代人類。

關於人類的未來，卡辛斯基假設「計算機科學家成功地機器無論做什麼事都比人類強。在這種情況下，大概所有工作都會由巨大的、高度組織化的機器系統去做，而不再需要任何人類的努力」。

這時可能會有兩種情況發生：「一種是允許機器在沒有人類監督的情況下，自已做出所有的決策，另一種是人類保留對於機器的控制。」

如果我們允許機器自己做出所有的決策，人類的命運那時就全憑機器發落了。人們也許會反駁，人類絕不會愚蠢到

把全部權力都交給機器。但我們既不是說人類會有意將權力交給機器，也不是說機器會存心奪權。我們實際上說的是，人類可能會輕易地讓自己淪落到一個完全依賴機器的位置，淪落到不能做出任何實際選擇，只能接受機器的所有決策的地步。隨著社會及其面臨的問題變得愈來愈複雜，而機器變得愈來愈聰明，人們會讓機器替他們做更多的決策。僅僅是因為機器做出的決策會比人的決策帶來更好的結果。最後，維持體系運行所必需的決策已變得如此之複雜，以至於人類已無能力明智地進行決策。在這一階段，機器實質上已處於控制地位。人們已不能把機器關上，因為我們已如此地依賴於機器，關上它們就等於自殺。

就算人們想盡辦法，保留對機器的控制權，結果也會很糟：

另一方面，也可能人類還能保持對機器的控制。在這種情況下，一般人也許可以控制自己的私人機器，如他的汽車或計算機，但對於大型機器系統的控制權將落入一小群精英之手——就像今天一樣。由於技術的改進，精英對於大眾的控制能力將會極大提高，因為人不再必須工作，大眾就成為

了多餘的人，成為了體系的無用負擔。如果精英集團失去了憐憫心，他們完全可以決定滅絕人類大眾。如果他們有些人情味，他們也可以使用宣傳或其他心理學或生物學技術降低出生率，直至人類大眾自行消亡，讓這個世界由精英們獨佔。

或者，如果精英集團是由軟心腸的自由派人士組成的，他們將會注意要保證每個人的生理需求都得到滿足，每一個孩子都在心理十分健康的條件下被撫養成人，每一個人都有一項有益於健康的癖好來打發日子，每一個可能會變得不滿的人都會接受治療以治癒其「疾病」。當然，生活是如此沒有目的，以致於人們都不得不經過生物學的或心理學的改造，以去除他們的權力欲，或使他們的權力欲「昇華」為無害的癖好。這些經過改造的人們也許能在這樣一個社會中生活得平和愉快，但他們絕不會自由。他們將被貶低到家畜的地位。

失去目的與意義的人

退一步說，如果前面的假設不成立，人工智慧沒有取得成功，人的工作還是必要的，但是，「即使這種情況，

機器也將承擔愈來愈多的簡單工作，而低能力的工人將愈來愈過剩。（正如我們所見，這種事已經發生了。許多人很難或根本找不到工作，因為他們由於智力或心理原因，而不能達到體系所需要的訓練水平。）」

對於那些找到工作的人，就業的要求會愈來愈高。他們將需要愈來愈多的訓練，愈來愈強的能力，他們將不得不愈來愈可靠、愈來愈規矩、愈來愈馴服，因為他們將愈來愈像巨型有機體的細胞。他們的任務將愈來愈專門化，因而他們的工作在某種意義上也將愈來愈脫離真實世界，僅集中於現實的一塊小碎片。體系將使用一切可以使用的心理學或生物學手段來設計製造人類，使之馴順，使之具有體系要求的能力。

機器接管了大部分具有真正重要性的工作以後，留給人類的（或者說普通人有能力從事的）都是一些相對不那麼重要的工作：

例如有人建議，大力發展服務業可以給人類提供工作機會。這樣人們就可以把時間花在互相擦皮鞋上面，可以用出租車帶著彼此到處瞎轉，互相為對方做手工藝品，互相給對

方端盤子等等。人類如果最終以這樣的方式結局，那對於我們來說也實在是太可憐了，而且我們懷疑有多少人會覺得這樣的無意義的忙碌等同於充實的生活。他們會去尋找危險的其他渲洩途徑（毒品、犯罪、邪教、仇恨群體等），除非他們經過生物學或心理學的設計改造後適應了這種生活方式。

　　卡辛斯基的結論就是，未來要嘛人類無法倖存下來，要嘛個人空前地依賴大型組織，空前地「社會化」，人類的生理和心理是設計和改造的結果，而不是自然的產物。

　　唯一的解決方法就是放棄科學技術，「把這個腐朽的體系整個扔進垃圾堆，並勇敢地承受其後果」：

　　我們希望已經說服了讀者，體系無法通過改革來調和自由與技術。唯一的出路是摒棄整個工業技術體系。這意味著革命，不一定是武裝起義，但肯定是激烈而根本的社會性質變化。

　　卡辛斯基認為，這個體系是由技術人員為了自己的利益和聲望在推動前進。「體系需要科學家、數學家與工程師，否則就無法正常運作。」因此他選擇這些人作為襲擊

目標。這樣做當然是邪惡的，但是他對於人類命運的警告卻理應受到重視。

卡辛斯基反覆提及，引入新技術一定要慎而又慎：

一項新技術被引入社會時，將會引發一長串其他變化，這些變化之中的大部分是不可預見的。歷史經驗告訴我們，技術進步給社會帶來新問題的速度，遠比它解決舊問題的速度要快。技術已將人類帶入了一條無法輕易逃脫的死胡同。

技術會有我們難以預測的長期後果。比如，抗生素的目的是消滅細菌，但是大量使用後卻產生了難以殺死的超級細菌，人們不得不限制抗生素的使用。再比如，醫療技術提高了人類的壽命，但也因此導致了地球的人口激增、社會老齡化、生育率下降等重大的社會變化，這些恐怕都不是技術的發明者能想到的。如果新技術（比如機器人技術、基因工程、納米技術）被恐怖組織掌握，後果就更可怕。如果不是真人，而是機器人在街頭發動恐怖襲擊，那會是怎樣的情景？

距離《論工業社會及其未來》的發表，已經過去了20多年，互聯網和人工智慧都變成了現實，基因技術開始萌

芽。人類對於新技術的入迷簡直到了無以復加的地步，恨不得愈多愈好，一項新技術還在實驗室中，人們就開始計劃如何儘快形成生產力，佔領盡可能多的市場。

　　──我們不能不擔心，卡辛斯基的預言似乎一步步正在變成現實。　●

未來篇

｛（代結語）漂在舊金山｝

也許歷史上從沒有一個時刻像現在，讓全世界都在鼓吹一種教育、一種能力，宣稱它如此具有「未來適存」的性格——而這種能力叫作編程能力，據說能讓我們在變化的時代中安穩求存。

我對這樣的宣揚沒有強烈對或錯的立場。但是，曾有篇文章給我的小感觸，非常適合做為這種論點的參考，也非常適合放在這本名叫「未來世界的倖存者」的書的最後尾聲。

舊金山是美國房價最高的城市，因為它就在矽谷旁邊，有大量的科技公司。

　　每年，無數年輕人湧向那裡，尋找自己的夢想，結果形成了一個類似「北漂」的特殊群體。

　　有一天，我讀到美國《Salon》雜誌的一篇文章，關於一位舊金山普通準程式工程師的生活。讀完頗有感觸——在矽谷，不僅僅是光鮮亮麗的科技巨頭，更多的是努力奮鬥的普通程式工程師。

　　這篇文章原名為〈駭客的憂鬱屋：兩個房間、12個程式工程師和一個21世紀大夢〉（Hacker house blues: My life with 12 programmers, 2 rooms and one 21st-century dream，原載於salon.com）文章的作者名叫大衛‧葛欽斯基（David Garczynski）。

　　以下，讓我摘要譯介這篇短文的大致內容。

　　「大衛」很想成為一名程式工程師，他看了網路廣告，報名參加一個為期12周的程式編寫培訓班，上課地點在舊金山。他原本的盤算非

常符合人性，「我希望搬到那裡以後，經過培訓能夠成為IT專業人士，找到工作，過上美好的日子。」

自然地，大衛想透過Airbnb尋找一處位於舊金山的短期住處，有一棟大樓裡面的四人公寓似乎很符合他的需求。在Airbnb的照片上，這是間陽光充沛、放著兩張雙層床的房間。文字介紹則說，這棟大樓裡還有室內籃球場、24小時健身房，攀岩牆等等。

至於房租價格是每月1200美元，一個床位。帶著夢想而往舊金山移動的大衛思量著，「（到那兒）大部分時間我都會在培訓班學習程式，合租的房間只是睡覺的地方。」於是他付款訂了「一床」。

那天真正看到了房間，大衛才知道自己錯了。

沒有鑰匙的租房

這棟公寓在於大樓的17樓，有兩個房

間，每間放了三張雙層床，一共住了12人，大家都是到舊金山尋找夢想的年輕程式工程師。

大衛的床位在下鋪，不靠窗。他形容：「屋裡只有一盞昏暗的燈，即使是中午，也暗得像洞穴。」

由於一天中大部分時間，都有人在房間裡睡覺。所以上床和下床都必須很小心，以免踩到地板上的「箱子」——因為大多數租客們的行李都放在地板上。

更多的景況反映了這些「準程式工程師」們的生活，根據大衛的描述，在這兒：

共用的廚房水槽裡總是堆著一大堆餐具。

冰箱裡裝滿了大家的食物和剩菜，散發出一股輕微黴味。裡面還有些吃了一半的調味醬罐，它們的主人早已搬出去了。

最糟糕的是，公寓不提供大樓的前門鑰匙。

大衛要回到大樓的唯一方法，就是等到

其他人開門的時候溜進去。然後，他得走過櫃檯保全，上電梯坐到17樓，偷偷從「Exit」（緊急出口）標誌的頂上取出公共鑰匙，打開公寓的門，再把鑰匙放回原處，供其他房客使用。

衣帽間的室友

大衛參加的這個培訓課程並不輕鬆，他需要投入全副心神與時間，每天編寫程式15個小時，週末才可以稍稍降低到10到12個小時。

他的壓力愈來愈大。深夜時，疲憊的他會自問：「我在做什麼？這真的值得嗎？」

這間公寓的所有房客都是程式工程師。有一部分人跟大衛一樣，想通過新手培訓班進入IT行業。另一部分人則已是全職的專業程式工程師，他們一大早出門，去附近的新創公司上班，在電腦前工作10至12小時。晚上下班後，這些人依然會坐到沙發上，打開

筆記型電腦，默默度過一天僅剩的幾小時。

在大衛床位旁的衣帽間，也住著一個程式工程師。這個「衣帽間」是單獨出租的，房租是每月1400美元。

這位「室友」每天晚上約9點回來，然後坐在沙發上給自己倒碗麥片，默默地吃。接著他拿起筆記型電腦，走進衣帽間，繼續工作幾小時到深夜，等不得不睡覺的時候才結束工作。

大衛記得，「只有通過衣帽間門縫漏出的光，我才知道他還在工作。」

大衛住進這兒的時候，這位室友已經在那兒住了16個月了。

他為已經是「獨角獸級」的Pinterest公司工作，就住在一個沒有窗戶的衣帽間裡，地板上鋪著一層薄薄的床墊。

眺望獨角獸城

大衛逐漸意識到，在這個城市實現夢想

的人遠遠少於沒有實現夢想的人。

這間出租公寓裡的房客似乎都對未來都很沮喪，他們正住在一個造假又昂貴的Airbnb房源裡，並爭取著要為某家可能終將失敗的創業公司工作。

即使大衛能像那位Pinterest公司的程式工程師室友那樣，賺著六位數美元的年薪，仍然永遠無法在這兒買房子。

大衛的另一位室友跟雇主談判工資時，被說服接受較低的工資，補償是較高的公司股份期權。然而，「他不得不每天上班12個小時，拿著一份非常微薄的工資，竭盡全力盼望公司不要失敗倒閉。」

對了，大衛的上鋪則睡著一個30多歲的中國人，他愈來愈抑鬱，每天大部分時間都躺在床上睡覺，剩下的時間則是愁眉苦臉、漫無目的地走來走去。大衛覺得，自己最可能變成跟他一樣。

大衛在這間公寓生活的時間愈長，就愈意識到他的夢想不可能實現。他寫道：「也許

最後，我會得到我需要的一切，或者一份不錯的薪水，但在做到這一點之前，我會徹底喪失自我，*被技術世界打擊和改造得面目全非*。」

　　在大衛・葛欽斯基放棄了成為程式工程師的夢想、搬出這間公寓的那天，他來到大樓的樓頂，眺望舊金山的北面。「那裡有大量的創業公司，可以看到它們的企業 Logo……某個地方寫著『駭客之家』，另一處寫著『創業訓練營』……。」

　　他最後的想法是：

　　這些公司裡面肯定有很多聰明的年輕人，白天在辦公樓層工作，晚上睡在狹小的臥室，心裡充滿夢想。但，「他們不知道，自己取代的是別人留下的位置，那些人也曾充滿夢想，但後來意識到不可能實現而離開，正如（下一位）心懷憧憬的新房客，馬上就會佔據我空出來的床位。」

未來世界的倖存者

終極技術大革命的前夜，每一個人都該思索與知道的事

© 阮一峰 2018

大寫出版

書　　系：知道的書Catch On　　　書號 HC0090
著　　者：阮一峰
行銷企畫：郭其彬、王綬晨、邱紹溢、陳雅雯、張瓊瑜、余一霞、汪佳穎
大寫出版：鄭俊平、沈依靜、李明瑾
發 行 人：蘇拾平
出 版 者：大寫出版Briefing Press
發　　行：大雁文化事業股份有限公司
　　　　　台北市復興北路333號11樓之4
　　　　　電話：(02) 27182001　　傳真：(02) 27181258
　　　　　讀者服務電郵：andbooks@andbooks.com.tw
　　　　　大雁出版基地官網：www.andbooks.com.tw

初版一刷 ◎ 2018年12月
定　　價 ◎ 350元
ISBN 978-957-9689-28-1

國家圖書館出版品預行編目 (CIP) 資料

未來世界的倖存者：
終極技術大革命的前夜，每一個人都該思索與知道的事
／阮一峰著
初版／臺北市：大寫出版：大雁文化發行，2018.12
272 面，15*21 公分（知道的書 Catch on；HC0090）
ISBN 978-957-9689-28-1（平裝）
1. 人工智慧 2. 言論集

312.83　　　　　　　　　　　　　　　　107019995